科研院所专利管理现状及发展对策研究

• 郑霖 周然 张意 主编

化学工业出版社

·北京·

内容简介

本书以推动科研单位知识产权管理效能提升为导向，首先从宏观层面对科研院所专利管理相关理论进行总结和梳理，其次以交通运输部天津水运工程科学研究院为具体案例，对其专利管理现状、存在问题、专利导航、重点产品开发策略与成果应用展开分析，总结可复制、可推广的有益经验，最后从多维度提出科研院所专利管理方案和提升对策，可供相关领域科技工作者和行政管理者参考。

图书在版编目（CIP）数据

科研院所专利管理现状及发展对策研究/郑霖，周然，张意主编. —北京：化学工业出版社，2022.5
ISBN 978-7-122-40988-1

Ⅰ.①科… Ⅱ.①郑…②周…③张… Ⅲ.①科学研究组织机构-专利-管理-研究 Ⅳ.①G311

中国版本图书馆CIP数据核字（2022）第046123号

责任编辑：刘亚军　　装帧设计：张　辉
责任校对：边　涛

出版发行：化学工业出版社（北京市东城区青年湖南街13号　邮政编码100011）
印　　装：北京七彩京通数码快印有限公司
710mm×1000mm　1/16　印张12　字数202千字　2022年7月北京第1版第1次印刷

购书咨询：010-64518888　　售后服务：010-64518899
网　　址：http://www.cip.com.cn
凡购买本书，如有缺损质量问题，本社销售中心负责调换。

定　　价：68.00元　　

本书编写人员

主　编

郑　霖　周　然　张　意

编　委

赵洪波　朱乐群　李晓君　王壹省　彭士涛

李小芬　赵绘存　郑卫华　李大为　张思月

刘　军　刘维林　熊先巍　李晓岩　王梦晨

杜力普　赵瑞嘉　徐林坤　张聆晔　龚奕境

张　晨　魏燕杰　周丽丽　张　杰　李　静

前言

在新一轮科技革命、产业变革和知识经济高速发展的背景下，日益激烈的国际竞争越来越表现为知识与技术的竞争。专利作为生产力要素及知识产权中最具生命力、最具影响力的要素，正逐步成为一个国家的核心战略资源。科研院所是科技创新的重要主体和科技成果的主要贡献者，是国家自主创新体系的重要组成部分，在基础性、战略性及前瞻性科技创新中发挥着关键作用。提升科研院所的专利管理水平，形成有效的专利布局，是实施国家创新驱动战略的必然要求，也是提升国家科研创新实力的关键举措。

随着近些年的改革发展，科研院所的知识产权管理尤其是专利管理已经有了长足进步，取得了初步成效，但是与国外科研院所成熟的专利管理模式相比还存在一定的差距。在科研自主创新能力提升要求如此紧迫的当今社会，如何进一步有效增强专利管理能力，充分发挥专利的价值，已成为科研院所亟待解决的重要课题。

本书以推动科研单位知识产权管理效能提升为导向，首先从宏观层面对科研院所专利管理所涉及的相关理论进行系统总结和梳理；其次将视角聚焦到交通运输部天津水运工程科学研究院（以下简称天科院），对天科院专利管理现状、存在的问题、专利导航、重点产品开发策略与成果应用展开具体分析，从中总结出可以复制应用到其他科研院所的有益经验；最后从多维度提出科研院所专利管理方案，以期能够推动科研院所专利管理迈上新的台阶。

第1章为引言。该部分从本书的研究背景和意义出发，描述了研究方法，提炼出本书的研究内容与框架。

第2章为科研院所专利管理相关理论基础。首先对专利基本概念、专利管理、专利战略等基础性理论进行界定；其次分析了科研院所专利管理的相关内容；最后提炼出科研院所专利管理存在的问题并提出了相关建议，为后续章节的分析奠定基础。

第3章为天科院专利管理现状。首先从整体上全面梳理了天科院的单位发展现状、产业环境及发展定位；其次利用专利数据库，从专利申请时间、类型、法律状态、代理机构四个维度出发，对天科院的专利情报进行了全面的基础分析；最后从专利申请人、发明人、分类等角度进一步对天科院的专利构成进行更加深入细致的剖析。

第4章为天科院专利管理存在的问题。以第3章专利情报的基础性分析和主客体分析得出的结论作为依据，挖掘专利工作开展和专利管理中存在的问题，为后续的提升方案提供优化方向。

第5章为天科院重点技术专利导航分析。主要从国内和国际两个视角，聚焦专利总体趋势、主要申请人、技术活跃度、专利布局、重点专利、主要竞争对手等几大方面对港口含油污水处理和海上溢油处理技术两个细分领域进行详尽的剖析，对行业内的专利导航具有较强的借鉴意义。

第6章为天科院重点产品开发策略分析与专利成果应用。介绍了三个基本的重点产品开发策略和专利布局策略分析，对现有的天科院专利进行分类评级，制定专利资本化运营方案。

第7章为科研院所专利管理能力提升对策方案。综合专利情报分析查出的问题和得出的结论，从意识、战略、人才、制度等几大方面提出天科院专利管理的对策方案。

第8章为未来展望。总结本书研究的主要观点，并提出研究的不足。

限于作者水平，书中疏漏之处在所难免，恳请读者批评指正。

编者

2022年1月

目录

1 引言

1.1 研究背景

1.1.1 知识产权在全球竞争中日益重要

21世纪，人类进入了知识经济的新时代，世界综合国力竞争，尤其是经济的竞争越来越表现为科学技术水平和知识总量的激烈较量。因此，以知识产权为核心的无形资产成为国家增强核心竞争力的关键因素，也成为提升和保护本国科技和经济发展、抑制竞争对手发展的重要途径。知识产权不仅是强国建设的基础，而且是转变经济增长方式和实施创新驱动发展战略的重要支撑，知识产权的重要意义不言而喻。2011年科技部发布的第十二个五年规划指出，“强化科技创新的知识产权目标导向和管理。深化《国家知识产权战略纲要》实施，提升知识产权创造、运用、保护和管理能力。”技术创新与知识产权管理的融合，是我国技术创新体系和知识产权管理体系建设中十分重要的一部分，对于我国加强科技成果创新、进行知识产权管理、促进产学研融合都有重要作用。2015年12月，国务院颁发《国务院关于新形势下加快知识产权强国建设的若干意见》，指出国家知识产权战略实施以来，我国知识产权创造运用水平大幅提高，保护状况明显改善，全社会知识产权意识普遍增强，知识产权工作取得长足进步，对经济社会发展发挥了重要作用。2018年9月，中共中央办公厅、国务院办公厅发布了《关于加强知识产权审判领域改革创新若干问题的意见》，指出知识产权保护是激励创新的基本手段，是国际竞争力的核心要素。作为对创新的产权制度安排和激励机制，知识产权制度是创新原动力的基本保障，对建设知识产权强国和世界科技强国具有重要意义。

1.1.2 科研院所的专利作用日渐突出

对于将科研创新作为安身立命根本的科研院所而言，知识产权发挥着更为关键的作用。在全球化和知识经济的背景下，科研院所间的竞争已不再仅限于设备、资金等硬件的竞争，而在很大程度上表现为人才和技术的竞争。科研院所的资源也不再只是以有形资产为主，而是日渐转变为以无形资产为主，其中尤以知识产权为重。一个科研院所想要获得长远发展，必须不断创新，保持竞争优势，而技术的竞争，归根结底还是知识产权的竞争。一旦在先进技术领域获得了专利优势，科研院所将拥有绝对的竞争优势，进而拥有行业技术标准制定的话语权。拥有专利的数量与质量成为评判科研院所技术实力强弱的标准之一。

对专利的创造、占有和运用，已经成为一个科研院所在竞争中取得优势的关键因素。同时，专利也为科研院所提供技术保护，阻止其他科研单位模仿抄袭新技术、新产品，能够有效保护科研院所的研发成果，维护自身的合法权益，有利于增强科研院所技术创新的动力。专利在科研院所中的作用正日益凸显，它既是打倒竞争对手之矛，也是维护生存发展之道。提高专利管理水平不仅是科研院所参与全球市场竞争的需要，同时也是科研院所获得长远发展的需要。随着专利在更广阔的环境里越来越受到重视，其意义就不仅仅是在给科研院所带来效应的层面上，同时上升到提高国家整体竞争力的层面。

1.1.3 科研院所专利管理能力亟须提升

目前西方学者对于专利管理的研究颇为深入，把对科研院所专利管理的研究提升到了一定高度。与国外成熟的科研院所专利管理相比，我国科研院所专利工作发展缓慢，还存在一定的问题。相较于先进的专利管理模式，我国现阶段科研院所专利的管理工作尚处于初级阶段，没有完全体现出专利的特点和价值，没有充分发挥出专利应有的作用，有创新无产权、有产权无应用、有应用无保护的现象仍然存在。尽管目前科研院所都已意识到专利是一种无形资产，但真正将专利纳入无形资产进行管理的能力却严重不足，大部分科研院所还是将专利作为一种成果形式进行管理，偏重于用专利彰显自身科技创新的能力，而没有深入研究其可能产生的经济行为和法律行为。

目前我国的科研院所还普遍缺乏一定的实质性专利管理能力，现阶段科研院所的专利管理大多围绕申报流程、维持流程、奖励工作等流程性、事务性工作展开，更多的是形式上的管理，缺乏实质性的、深入技术和法律的管理；也表现在缺乏专门的专利管理机构和专业的专利管理人员，没有很好地实行科研项目的专利全过程管理，针对科研、产业发展方向的专利布局策划和封锁策划较少，单位知识产权工作人员主动去检索、分析侵权专利并开展维权行为的意识还比较淡薄，也未能做到积极主动地去加强与专利咨询中介机构合作开展相关业务。科研院所如何最大限度去管理好专利，切实利用好专利保护单位自身利益，使专利转变成经济效益，是一个长期课题，需要不断进行研究探索与实践。

1.2 研究综述

1.2.1 知识产权管理

国内外学者从不同方向和角度对知识产权管理进行了分析和研究，这些研究包括管理范围、战略定位和运行机制等方面。

学者们普遍认为知识产权管理范围包括著作权、专利权、商标权、商业秘密，如Samson（2005）认为，当人们想到知识产权，他们就会想到知识产权通过专利、商标和版权等形式受法律保护，然而，知识产权的真正价值是企业利用它作为企业战略资产增值、研究开发和企业发展整体营销战略的一部分。专利形式的知识产权被认为是企业经营战略的一个基础组成部分。龚志军等学者（2009）在对国内知识产权管理现状进行调查、分析的基础上，强调了知识产权管理中企业主体的作用，从自我意识、队伍建设、规章制度、联合保护方面进行了归纳。Nikhil Mehta（2014）研究了企业在进行知识共享、知识交换和知识组合过程中，不确定性条件对各个部分的影响。Ricardo Correia（2014）通过对休斯、西门子、三菱等多家知名企业进行研究后发现，知识产权管理是其企业发展的关键，并且通过激励、维权、培训等多模式严格落实知识产权管理工作，已取得显著成效。

更多的学者从战略定位的角度展开了对知识产权的研究，尤以对在企业中占据重要位置的专利权管理的研究居多。陈美章（2004）认为，企业知识产权管理战略是研究如何有效地运用知识产权保护制度，为充分维护自身的合法权益、获得和保持竞争优势并遏制竞争对手、谋求最佳的经济利益而进行的全局性谋划和采取的重要策略及手段。Belay Seyoum（2006）经研究认为，随着技术创新知识产品在全球经济贸易份额中的大幅度增加，并伴随着国际技术竞争的加剧，知识产权战略管理的功能大大提升，对于知识产权管理的水平也提出了一定要求。范再峰（2011）认为，企业知识产权管理战略就是将知识产权管理制度的特性和功能运用到企业技术创新活动中，从法律、经济和科技的角度入手，对技术创新活动中有关知识产权的获得、保护、实施和管理等做出总体安排和统一谋划，是企业从自身条件、技术环境和竞争态势出发做出的企业技术创新知识产权工作的总体部署，以及为实现创新目标而采取的有关知识产权管理的根本对策。Abdol Nasser H. Zaied等（2012）将知识产权管理与政府政策进行融合研究，认为构成知识产权管理能力的各要素均可促进政府组织效用，并且各要素之间存在很大相关性。尤捷（2017）基于我国创新驱动发展政策的实施，深入分析了知识产权管理与创新驱动发展间的关联关系，并提出了一系列知识产权战略管理措施。

一些学者对知识产权管理的作用机理进行了研究，比如一些经济学家，如Porter M. E.（1998）通过对相关的典型产业群进行实证研究后，得到的结果为：应该将知识密集型企业的竞争优势划分为低层次优势和高层次优势，从社会网络的角度以及企业内部发展的角度倡导投资要保护企业的特有技术、积极申请发明专利、对侵权者采取诉讼等策略，也就是通过提高壁垒的方法构筑防御战略，从而达到提升竞争优势的目的。曹新明（2005）着重对知识产权制度的伦理性研究现状、伦理性基础、目标取向以及以人为本的理念等进行了分析与研究，以服务于我国知识产权制度的完善与发展。方琳瑜等学者（2009）主要分析了企业自主知识产权成长机制，认为应分为自组织机制、外部环境作用机制和他组织机制三个方面。刘雪凤（2010）则试图解决参与主体多元化情况下，如何使知识产权治理达到利益平衡，对多元化主体下的利益平衡机制进行了研究。Holger Kollmer（2014）认为知识产权在企业的商业竞争中扮演的角色越来越重要，通过知识产权的转化或者许可，有助于企业进一步提升创新能力，并且可以促进经济效益不断提高，企业应该把知识产权战略上升到企业的商业战略高度。

1.2.2 科研院所知识产权管理

对于科研院所知识产权管理的研究，大多集中在科研院所的现状和发展对策上面，缺乏研究的深度与广度。史浩辉（2010）通过对科研院所自主创新中知识产权的形成以及现状的分析，就知识产权在科研院所自主创新中发挥的作用进行了一些探究，对科研院所自主创新的能力提出了更高的要求。Reitzig（2010）选择国际先进科研企业，自行研究了科研企业的知识产权管理模式，探讨了该企业的影响力、竞争力与专利战略间的相关关系。陈洁、方立农等（2012）通过对常州市科研院所知识产权的发展现状进行分析，提出了常州市科研院所在知识产权方面存在的问题。在此基础上，提出了常州市科研院所实施知识产权战略的一系列对策。田延彬（2012）提出了应加强产学研合作，发挥高校、科研院所的技术优势，解决企业生产过程中遇到的技术瓶颈，来促进技术创新所需各种生产要素的有效组合，促进科研成果转化为生产力，成为推动经济和整个社会发展的一种最强劲的动力。董琦昕（2017）针对科研院所在知识产权保护和管理上存在的保护意识淡薄、缺乏专业管理人才、忽视专利文献检索等诸多问题，提出了加强知识产权保护意识，健全知识产权制度，培养专业管理人员，加大知识产权保护奖惩力度等对策。郭晋佩（2017）通过对现阶段科研院所知识产权管理现状以及知识产权保护中存在的主要问题的思考，探究科研院所进一步提高知识产权管理水平的发展对策，从而提高科研院所保护知识产权的能力。

1.2.3 科研院所专利战略及管理

国内外已经对专利进行了大量研究，并取得了一定的研究成果，研究范围主要涉及专利战略、专利情报和专利管理三个方面。

专利战略方面，Somaya（2002）认为，专利战略是企业对专利相关法律及相关制度的充分运用，是企业总体战略的重要组成部分，通过对专利的有效获取和管理建立企业的竞争优势。Lichententhaler U.（2007）研究认为，在生物技术行业，最为重要的是运用专利战略获得企业外部环境中的技术和对外谈判的砝码，在化工行业更加看重的是专利对于企业自身的防御功能。袁晓东等（2011）在分析传统专利战略和国外企业专利战略类型的基础上，提出了专利集中战略，即定位于具有特定竞争优势的细分技术领域，通过集中该技术领域中的所有专利而获取市场利益的竞争行为。陶玉娟（2012）认为专利战略主要是为企业占领和垄断市场提供有利条件，专利战略的类型主要分为四类，即进攻型、防守型、攻防混合型和跟进型。Reitzig M. 等（2014）研究了专利钓饵战略并用黑莓公司的例子进行了验证。简南红（2016）在对全球十大企业在华专利战略进行实证研究的基础上，得出其专利战略具有密切跟踪政府政策、聚焦核心技术和攻击性市场策略等显著特点。

专利情报方面，Ernst（2003）认为专利信息是非常重要的，它可以辅助竞争对手监控、技术评估、研发组合管理、潜在资源的确认与评估（并购机会、人力资源管理）。此外，还提出专利数据的检索与分析应当由固定机构来开展，以确保决策时有持续、系统的专利情报。Stembridge等（2008）指出，清晰高效的知识产权战略应该包括如何制定明晰的战略来管理机构的专利组合，这包括知识产权审核、差距分析、投资策略、去除策略、维护与监控。而这些策略都源于专利信息挖掘，即专利情报。陈响坤（2010）围绕高校的专利信息咨询服务进行了研究，指出其服务内容主要在于利用海量专利资料，搜集完整的专利情报，解决用户专利申请、登记程序、专利检索、法律保护等各方面的问题，充分调动图书馆信息服务的职能。冯琳（2011）研究了专利情报的重要性，指出中国高校需进一步完善管理机构和管理机制。在管理过程中，应当注重技术、法律、信息情报三方面的工作，将专利信息情报检索分析贯穿科研项目全过程。Stackhouse等（2015）调研了各国科研管理机构所提供的服务，主要体现在六个方面：市场监测情报、文书写作咨询、合同管理、科研成果宣传、资金信息和知识产权的确认与实施。这些服务对科技进步有良好的催化效应。饶异苹等（2016）研究了高校、科研院所应当注重收集和分析的情报，例如科学资料数据、科研经费、同行等竞争情报，确保技术的顺利研发和经费支持。

专利管理方面，Stackhouse等（2005）通过调研发现科研管理机构主要有以下几类：集中式办公室（一站式服务平台）、多个中心办公室、无专门管理办公室、半职能办公室（只有某个办公室执行部分管理流程）。郑艳梅等（2010）指出了我国科研院所专利管理工作四个方面的不规范：申请、管理和职务、专利保护、实施。通过借鉴国外科研院所的经验，提出应当从日常工作、宣传培训、激励机制、政策合同、产学研合作等方面寻求解决对策。张丹（2010）研究发现我国高校专利管理存在以下四大问题：专利管理意识不成熟、专利管理体制不健全、专利成果流失严重、专利转化率低等。为提升专利质量、防止专利流失，需从保护意识、管理体制、保护制度、管理人才四个方面优化管理体系。李永明、杨翊等（2012）从目前科研院所专利管理现状为切入点，深刻分析了我国科研院所专利管理中存在的问题并提出了较为合理可行的解决方案，对科研院所实施专利管理战略具有一定的参考意义。Martin G. Moehrle等（2017）认为专利管理在技术型公司中变得越来越重要，可以通过将专利授权给其他公司来产生收入，也可以通过专利收集竞争对手的信息。为了正确平衡地处理这些功能，应设计一个专利管理的成熟度模型。

1.2.4 国内外研究评述

国外学者对于知识产权管理的研究主要集中于对知识要素的分解以及知识产权管理的开发、运营和保护等方面。国内学者对于知识产权管理的研究主要集中于对知识产权的概念研究、特征分析以及知识产权管理战略定位和法律保护等方面。对于科研院所专利管理的研究重点在于专利战略、专利情报和专利管理三个方面。国内外学者对于相关研究的内容侧重点有所不同，但总体来说都是对知识产权的定义和特征、知识产权管理战略定位、知识产权管理运行机制等方面展开研究，成果比较丰富。

国内外学者对于科研院所知识产权管理当中的知识产权这一元素的界定以及相关概念研究较多，而针对科研院所知识产权管理系统性的研究较少。虽然在科研院所知识产权管理体制、创新机制及个案分析等方面取得了一定的研究成果，但目前的研究主要侧重于知识产权管理问题等方面，缺乏研究的深度与广度。科研院所的核心竞争力能够在相当程度上体现国家的整体实力，我国科研院所的总体发展情况还处于逐步成熟的阶段，国家的竞争实力随着科研院所的逐渐成熟而逐步提升。

综上所述，针对现有研究成果中的不足，本书结合国内外科研院所的管理策略，在对科研院所专利管理发展现状及存在问题进行分析的基础上，探究其存在不足的原因，对其专利管理进行分析，且提出对策，为我国科研院所专利管理提供必要参考。

1.3 研究意义

本书进行新时代背景下科研院所专利管理的研究，能够为科研院所专利管理的合理决策提供必要的依据，进而对整个科研行业有序发展、优化管理的体制起到积极的推动作用，具有重要的理论意义与现实意义。

（1）理论意义

探索新时代背景下科研院所专利管理的内容，对科研院所专利管理进行深入、系统研究。我国科研院所专利管理相关研究较为零散，缺乏系统性和深入性，研究结论的合理性和科学性不足，难以满足新形势下科研院所专利管理的实际需要，滞后于专利的发展，不利于专利管理与保护。因此，本书充分考虑专利发展的需要，在进行大量调研与分析的基础上，对科研院所专利管理的进一步提升进行研究，弥补了当前对科研院所专利管理研究的欠缺与不足，对丰富科研院所专利管理研究体系具有积极的作用。

（2）现实意义

① 对于增强我国科研院所的技术创新能力具有重要意义　科研院所不仅具有很高的知识密集度，而且还具备较强的知识吸收和扩散能力，包括成果吸收、转化、运营、扩散在内的技术创新能力都是科研院所核心竞争力的体现，因而加强知识产权工作能够很大程度上保证科研院所研发投入的安全与稳定。科研院所在开展日常的科研活动如进行科研立项和自主研发时，可以通过相应的渠道对知识产权信息进行分析利用，及时了解所属领域的知识产权状况，避免侵犯他人的在先权利，造成“无效”研发，浪费人力、物力和财力。在研究科研院所技术创新知识产权管理过程中，分析科研院所知识产权管理机制，研究专利战略和专利成果应用，对于增强我国科研院所的技术创新能力具有重要意义。

② 对于提升我国科研院所的内部运行效率具有促进意义　我国科研院所在国际市场中的地位还没有处于领先的位置，且差距较大，从过去的技术水平不到位的“山寨”复制到目前追求的自主创新，经历了艰辛的过程，我国在对知识产权的文化认同以及制度完善上还处于初级阶段，因此在科研院所内部，从组织到个体，从文化到细节，都还需要更好的协调成长。通过详细了解科研院所专利管理的特点和运行机制，并通过实际案例展开管理机制和专利分析，对科研院所在进行技术创新过程中专利管理面临的实际问题提出合理可行的建议，这对提升我国科研院所专利管理系统的内部运行效率具有重要的促进作用。

③ 对于提高我国科研院所的整体竞争实力具有指导意义　科研院所作为科学技术的载体，是知识密集、技术密集的经济实体，对我国的国民经济与社会发展所起的作用日益显著，这一作用的发挥取决于科研院所核心竞争力的不断提

升。目前我国科研院所面临的一个重大问题是外部环境变化速度加快，因而科研院所需要有意识地进行自主创新，从而适应环境的变化。具有知识产权的自主研发技术和产品能够为科研院所在快速变化和竞争激烈的环境中创造并维持竞争优势。本书通过深入研究科研院所专利管理相关内容，以期能够从根本上为科研院所的技术创新知识产权管理政策的制定提供决策借鉴，对于提升科研院所技术创新水平、改善科研院所技术创新知识产权管理现状具有较强的现实参考价值。

1.4 研究内容、方法

1.4.1 研究内容

本书以交通运输部天津水运工程科学研究院（以下简称“天科院”）为具体研究案例。首先从整体层面对科研院所专利管理的相关概念进行系统总结和梳理；其次将视角聚焦到天科院，对天科院专利管理现状、存在的问题、专利导航、重点产品开发策略与成果应用展开具体的分析，从中总结出可以复制应用到其他科研院所的经验；最后综合以上分析成果，提出科研院所专利管理方案，以期能够推动科研院所专利管理迈上新的台阶。

第1章为引言。该部分从本书的研究背景和意义出发，描述了研究方法，提炼出本书的研究内容与框架。

第2章为科研院所专利管理相关理论基础。首先对专利基本概念、专利管理、专利战略等基础性理论进行界定；其次分析了科研院所专利管理的相关内容；最后提炼出科研院所专利管理存在的问题并提出了相关建议，为后续章节的分析奠定基础。

第3章为天科院专利管理现状。首先从整体上全面梳理了天科院的单位发展现状、产业环境及发展定位；其次利用专利数据库，从专利申请时间、类型、法律状态、代理机构四个维度出发，对天科院的专利情报进行了全面的基础分析；最后从专利申请人、发明人、分类等角度进一步对天科院的专利构成进行更加深入细致的剖析。

第4章为天科院专利管理存在的问题。以第3章专利情报的基础性分析和主客体分析得出的结论作为依据，挖掘专利工作开展和专利管理中存在的问题，为后续的提升方案提供优化方向。

第5章为天科院重点技术专利导航分析。主要从国内和国际两个视角，聚焦专利总体趋势、主要申请人、技术活跃度、专利布局、重点专利、主要竞争对手等几大方面对港口含油污水处理和海上溢油处理技术两个细分领域进行详尽的剖析，对行业内的专利导航具有较强的借鉴意义。

第6章为天科院重点产品开发策略分析与专利成果应用。介绍了三个基本的重点产品开发策略和专利布局策略分析，对现有的天科院专利进行分类评级，制定专利资本化运营方案。

第7章为科研院所专利管理能力提升对策方案。综合专利情报分析查出的问题和得出的结论，从意识、战略、人才、制度等几大方面提出天科院专利管理的对策方案。

第8章为未来展望。总结本书研究的主要观点，并提出研究的不足。

1.4.2 研究方法

（1）文献研究法

通过中国知网、万方数据等平台，搜索与知识产权管理相关的文献，并通过对文献的阅读，掌握学术界对该内容的研究情况，理清我国科研院所知识产权管理的背景和现状，从而更深入地分析存在的问题和产生问题的原因，提出解决策略。

（2）典型案例研究法

选取我国典型科研院所作为研究案例，通过实地调查和网上调查获得的第一手资料，对其进行现状分析、产业环境分析、专利情报基础分析等，将理论和实践密切结合，使研究成果具有重要的理论价值和实践指导意义。

（3）定性与定量相结合

本书综合运用知识产权相关理论，对天科院核心专利技术进行分析。通过查询中国专利网站的信息，获取中国专利申请数据，以这些中国专利为研究和分析对象，对专利的总体发展趋势、技术构成、技术活跃度以及重点专利技术进行分析，了解这一技术领域的专利发展趋势和状况。

（4）统计分析

在对天科院重点专利技术进行分析时，对专利主要申请人、专利布局、主要竞争对手进行统计分析。通过对专利数量、规模、范围的统计分析，得出天科院以后的重点研究方向和重点竞争对手，为未来核心领域的发展提供依据。

2　科研院所专利管理相关理论基础

2.1 知识产权

2.1.1 知识产权的概念与范围

知识产权是指人们就其智力劳动成果所依法享有的专有权利，通常是国家赋予创造者对其智力成果在一定时期内享有的专有权或独占权。知识产权涵盖权利获取的利益与权利的享有两部分内容。知识产权最早由比利时法学家Carazo于17世纪提出，后来经著名法学家皮卡弟推崇并发展。1967年世界知识产权组织公约的签订，标志着知识产权得到大范围认可与发展。我国真正采用知识产权概念是在1986年《中华人民共和国民法通则》颁布实施后。

知识产权从本质上说是一种无形财产权，客体是智力成果或是知识产品，是一种无形财产或者一种没有形体的精神财富，是创造性的智力劳动所创造的劳动成果。它与房屋、汽车等有形财产一样，都受到国家法律的保护，都具有价值和使用价值。有些重大专利、驰名商标或作品的价值远远高于房屋、汽车等有形财产。

广义的知识产权包括著作权、邻接权（或相关权）、商标权（包括服务标志权）、商号权、商业秘密权、产地标记权、专利权（包括工业品外观设计权）、集成电路布图设计权、新植物品种权等各种权利。

狭义的知识产权即传统意义上的知识产权包括著作权（包括邻接权）、专利权和商标权三部分。狭义的知识产权分为两个类别：一类是文学产权，包括著作权与邻接权；另一类是工业产权，包括专利权和商标权。表2.1为知识产权的概念和范围界定。

2.1.2 知识产权的性质与特征

（1）知识产权的性质

知识产权是一种新型的民事权利，是一种有别于财产所有权的无形财产权。知识产权的客体（知识产品或智力成果）是一种没有形体的精神财富，客体的非

表2.1 知识产权的概念和范围界定

概念	定义	范围界定
广义的知识产权	包括人类一切智力创造的成果	① 与文学、艺术和科学作品有关的权利；② 与表演艺术家的表演、录音制品和广播有关的权利；③ 与人类创造性活动的一切领域的发明有关的权利；④ 与科学发现有关的权利；⑤ 与工业品外观设计有关的权利；⑥ 与商标、服务标志、商号及其他商业标记有关的权利；⑦ 与防止不正当竞争有关的权利；⑧ 一切其他来自工业、科学或文学艺术领域的智力活动所产生的权利
狭义的知识产权	包括工业产权与文学产权两部分	工业产权包含专利权、商标权、禁止不正当竞争权等；文学产权中则包括著作权与传播者权（邻接权）等

物质性是知识产权的本质属性，也是该项权利与有形财产所有权的最根本区别。知识产权的无形是相对于动产、不动产的有形而言的。它具有不同的存在、利用、处分形态，具体表现为：① 不发生有形控制的占有；② 不发生有形损耗的使用；③ 不发生消灭智力成果的事实处分与有形交付的法律处分。

基于上述特征，国家有必要赋予知识产品的创造者以知识产权，并对这种权利实行有别于传统财产权制度的法律保护。

（2）知识产权的特征

基于无形财产权的本质属性，知识产权具有如图2.1所示的特征。

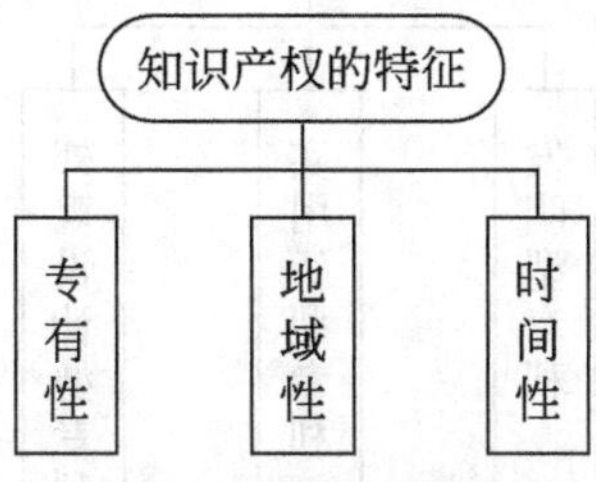

图2.1 知识产权的特征

① 专有性 知识产权是一种专有性的民事权利。同所有权一样，知识产权也具有排他性和绝对性的特点。不过，由于知识产品是精神领域的产品，知识产权的效力内容不同于所有权的效力内容。

② 地域性 知识产权作为一种专有权在空间上的效力并不是无限的，而是受到地域的限制，即具有严格的领地性，其效力只限于本国境内。该处的地域既

可以是一个国家，也可以是一个地区。

③ 时间性　知识产权不是没有时间限制的永恒的权利，其时间性的特点表现：它在法律规定的期限内受到保护，一旦超过法律规定的有效期限，这一权利就自行消失，相关知识产品即成为整个社会的共同财富，被全人类共同使用。

2.1.3　专利的概念与特征

专利在不同时期有不同的内涵，起初它具有面向社会发布的公文的意思，现在的专利可理解为多重内涵。第一，专利可被认为是用来确立一种特定权力的法律证书；第二，专利可以指通过法律确定权利后的一种新的科学技术；第三，专利可以理解成记录科技成果具体内容、说明等的文字材料；第四，专利有时也被用来代指专利权。

在现代，专利一般是由政府机关或者代表若干国家的区域性组织根据申请而颁发的一种文件，这种文件记载了发明创造的内容，并且在一定时期内产生这样一种法律状态，即获得专利的发明创造在一般情况下他人只有经专利权人许可才能予以实施。在我国，专利分为发明型专利、实用新型专利和外观设计型专利三种类型（见图2.2）。

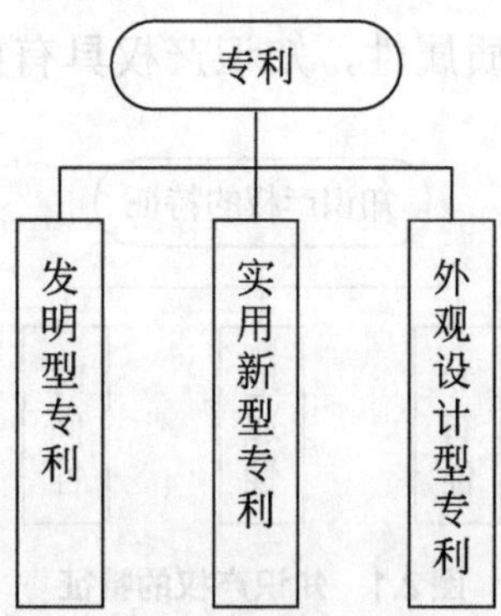

图2.2　专利的分类

发明型专利，指的是对产品、方法或者其改进所提出的新的技术方案。实用新型专利是指对产品的形状、构造或者其结合所提出的适于实用的新的技术方案。外观设计型专利是指对产品的形状、图案或者其结合以及色彩与形状、图案所做出的富有美感并适于工业上应用的新设计。对于发明、实用新型技术，若授予专利权，其应当具备新颖性、创造性和实用性；对于外观设计，若授予专利权，其应当具备新颖性。

专利属于知识产权的一部分，是一种无形的财产，具有与其他财产不同的特点。专利的特点如图2.3所示。

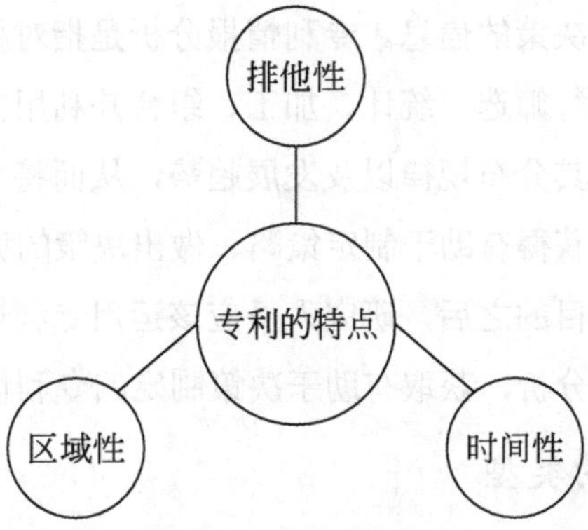

图2.3　专利的特点

① 排他性　即独占性。它是指在一定时间（专利权有效期内）和区域（法律管辖区）内，任何单位或个人未经专利权人许可都不得实施其专利。对于发明和实用新型技术，即不得为生产经营目的制造、使用、许诺销售、销售、进口其专利产品；对于外观设计，即不得为生产经营目的制造、许诺销售、销售、进口其专利产品，否则属于侵权行为。

② 区域性　是指专利权是一种有区域范围限制的权利，它只有在法律管辖区域内有效。除了在有些情况下，依据保护知识产权的国际公约，以及个别国家承认另一国批准的专利权有效以外，技术发明在哪个国家申请专利，就由哪个国家授予专利权，而且只在专利授予国的范围内有效，而对其他国家则不具有法律约束力，其他国家没有任何保护义务。但是，同一发明可以同时在两个或两个以上国家申请专利，获得批准后其发明便可以在所有申请国获得法律保护。

③ 时间性　是指专利只有在法律规定的期限内才有效。专利权的有效保护期限结束以后，专利权人所享有的专利权便自动丧失，一般不能续展。发明便随着保护期限的结束而成为社会公有的财富，其他人便可以自由地使用该发明来创造产品。专利受法律保护的期限的长短由有关国家的专利法或有关国际公约规定。世界各国的专利法对专利的保护期限规定不一。

2.1.4 专利情报的概念与作用

专利情报是指将从专利说明书、专利公报、专利网站等信息源上搜集到的零散专利信息，经过整理、加工、综合和归纳，形成有关专利申请概况、技术内容、功效等方面的利于决策的信息。专利情报分析是指对相关专利文献中大量分散、零散的专利信息进行筛选、统计、加工、组合并利用情报分析的各种方法对其进行深入分析，找出其分布规律以及发展趋势，从而将个别、零碎的信息转化成系统、完整的认识，获得有助于制定策略、做出决策的竞争情报的过程。

综上所述，在明确目的之后，研究人员应该运用专利情报分析方法，对专利信息进行系统、完整的分析，获取有助于决策制定的专利情报。

（1）专利情报的类型

① 按分析方法分类　从分析方法的角度来看，专利情报分析由定量分析和定性分析两类组成。根据分析方法的特点，将专利情报分为定量专利情报和定性专利情报两类，具体如表2.2所示。

表2.2　基于不同分析方法的专利情报类型

类别	分析方法	分析过程	主要指标
定量专利情报	定量分析	运用统计方法分析著录特征（申请日期、申请人、分类等），关注数据的变化（技术、经济等关注角度），分析专利技术的动态发展趋势等信息	12类：专利数量、专利相对产出指数、同族专利指数、引证指数、专利成长率、当前影响指数、技术强度、相对产出率、技术重心指数、科学关联性、技术生命周期、科学力量
定性专利情报	定性分析	亦称技术分析，是以专利的技术内容（专利说明书、结构图、工艺图等）或专利的“质”来识别专利，并按技术特征来归并有关专利使其有序化。它一般用来获得技术动向、企业动向、特定权利状况等方面的情报	5类：从发明的用途、原理、材料、结构和方法5个方面来考虑重要专利的内容

此外，在进行专利情报的定量和定性分析时，为了更直观、更有效地说明问题，研究人员会利用专利地图来进行承上启下的分析。因此，其属于一种特殊的

专利情报。

② 按申请阶段分类　从专利申请的过程来看，专利申请分为申请前、审查中和授权后三个阶段。因此，本书认为专利情报亦有申请前、审查中和授权后三类情报，分别针对这三个阶段提供服务，如表2.3所示。

表2.3　基于不同阶段的专利情报类型

阶段	流程	专利情报类别
申请前	① 申请前查询 / 查新，申请文件准备。 ② 提交受理专利申请部门。 ③ 缴纳专利申请费用。 ④ 专利分类（专利局）	申请前情报：行业动态情报、技术查新情报、法律政策情报等
审查中	① 发明专利：初审、公布、实审（实质审查缴费）、授权。 ② 实用新型专利或外观设计专利：初审、授权。 ③ 以上均有可能涉及补正（专利修改）和驳回的情况	审查中情报：审查状态情报、技术发展情报（辅助补正）、知识产权情报等
授权后	① 获得专利：授权之后缴纳专利费。 ② 行政复议：若驳回，向专利复审委员会提出复审请示。 ③ 退信：若驳回，服从判定。 ④ 科研人员可以着手专利技术的转移	授权后情报：法律状态情报、法律政策情报、事务性公告情报、竞争对手情报、技术转移情报等

（2）专利情报的作用

专利情报分析法作为一种有效的竞争对手分析方法可以应用于竞争对手研究之中，主要有以下几个方面的作用及现实意义（见图2.4）。

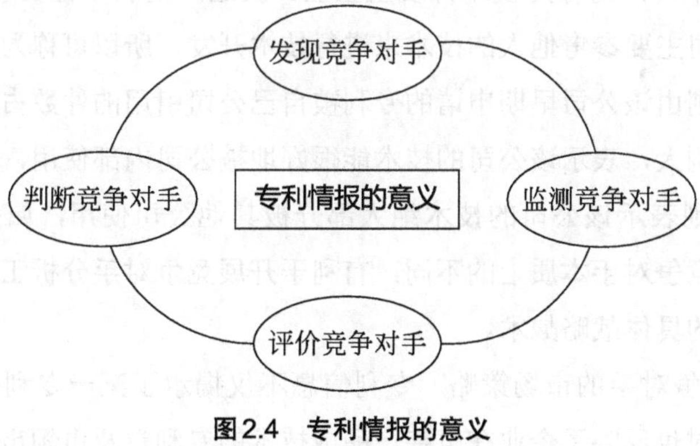

图2.4　专利情报的意义

① 发现竞争对手　专利文献上列有申请人、设计人、发明人的姓名，而同类技术产品的专利申请人、发明人、设计人则必然是竞争对手，故只要定期收集这些人的姓名，并按各个申请人申请专利数量的多少进行排序、归纳和统计，就能得出本企业竞争对手名称的一览表。对于一个企业而言，有技术上的对手，如著名的科研院所或高等院校，为了促进企业的技术更上一层楼，可采取与之合作的策略；也有产品上的对手，如具有一定生产规模的企业，则应密切监视其技术产品开发动向，并采取相应的对策。

② 判断竞争对手的技术水平及特点　各企业技术水平的高低和经济实力的强弱，在很大程度上取决于企业发明活动的活跃程度，具体表现为专利申请量以及拥有有效专利量的多少，因此，各企业的专利申请量和目前拥有的有效专利量就成了衡量其技术水平的标准。通过对竞争对手的全部专利进行定期统计分析、分类排序，并考察其分布情况，可以从中获得竞争对手的技术开发及经营策略等方面的数据，由此可逐步判断出竞争对手的研究开发重点、技术政策及发展方向。

③ 评价竞争对手的实力　评估竞争对手的实力可以通过各种具体的专利情报分析方法实现。通过竞争对手专利申请数与专利批准数的比例可以考察其技术开发研制效益；通过考察竞争对手国外专利申请数与国内专利申请数之比可以分析其经济实力；还可以通过竞争对手每年申请的专利数与实用新型专利数的比例来分析它的技术水平实力等。国外也有人提出利用专利间引用关系的分析来考察各竞争对手的实力。其具体做法如下：收集各竞争对手专利利用情况的数据，以某公司引用本公司早期专利技术所申请的专利数占总专利数的比例为横坐标。在横坐标上，如引用本公司专利的比例越大，就表示该公司是通过利用自己的技术力量来开发技术的，可称为技术开发型企业。反之，则表示主要引用他人专利，这意味着该公司主要参考他人的技术来进行技术开发，所以可称为技术模仿型企业。而纵坐标则由该公司早期申请的专利被自己公司引用的件数占总专利数的比例构成。此比例大，表示该公司的技术能很好地被公司内部使用，属技术保护型企业。反之，则表示该公司的技术绝大部分被其他公司使用，属技术传授型企业。了解各个竞争对手本质上的不同，有利于开展竞争对手分析工作和制定有关各个竞争对手的具体战略战术。

④ 监测竞争对手的市场策略　专利信息不仅揭示了某一专利技术的内容及法律状态，同时也反映了企业在争夺产品或技术的专利权及占领市场、战胜对手

方面的意图和策略。由于目前世界上大多数国家都采用先申请原则，同样的发明，谁先申请谁就有可能获得专利权，进而占领市场。因此，专利信息虽然不是直接的市场情报，但是通过对专利情报的分析，比如，了解竞争对手在某一段时间里申请了多少专利，申请的是什么类型和什么内容的专利，在哪些国家申请的，可以发现有关产品及材料进入市场的时间、规模等经济信息，还可以间接地收集竞争对手的新产品开发策略，探测出竞争对手的市场范围和市场策略。

2.2 知识产权管理及战略

2.2.1 知识产权管理的概念

知识产权管理，是指国家有关部门为保证知识产权法律制度的贯彻实施，维护知识产权人的合法权益而进行的行政及司法活动，以及知识产权人为使其智力成果发挥最大的经济效益和社会效益而制定各项规章制度、采取相应措施和策略的经营活动。

知识产权管理的主要内容如图2.5所示。

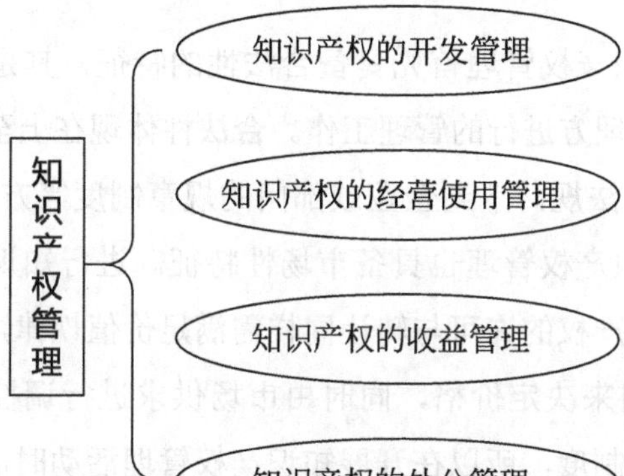

图2.5 知识产权管理的主要内容

① 知识产权的开发管理　企业应当从鼓励发明创造的角度出发，制定相应策略，促进知识产权的开发，做好知识产权的登记统计、清资核产工作，掌握产

权变动情况，对直接占有的知识产权实施直接管理，对非直接占有的知识产权实施管理、监督。

② 知识产权的经营使用管理　主要对知识产权的经营和使用进行规范，研究核定知识产权经营方式和管理方式，制定知识产权等。

③ 知识产权的收益管理　应对知识产权的使用效益进行统计并进行合理分配。

④ 知识产权的处分管理　企业根据自身情况确定对知识产权的转让、拍卖、终止。

2.2.2　知识产权管理的特征

知识产权管理的特征如图2.6所示。

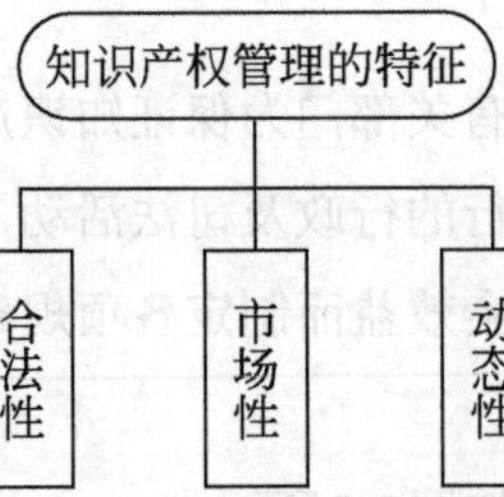

图2.6　知识产权管理的特征

① 合法性　知识产权管理首先具备合法性的特征，其是指在遵循相关法律法规的基础上，由管理方进行的管理工作。合法性体现在上至国家层面的法律法规，中间为地方法律法规，下到企业或部门的规章制度等方面。

② 市场性　知识产权管理也具备市场性特征。进行知识产权管理活动时须符合市场经济，知识产权的许可与转让同样需满足价值规律，需由创造成果时所耗费的必要劳动时间来决定价格，同时由市场供求进行调控。市场经济的不断发展形成了知识产权制度，所以在开展知识产权管理活动时需在市场经济的基础上，将市场机制作为导向，将市场效益作为发展的目标。

③ 动态性　知识产权管理始终需遵循动态性的原则，其动态性主要体现在进行知识产权管理时需结合市场、管理制度及组织机构等的变化而做出相应的调整，主要包含市场动态性、法律动态性、政策动态性及组织机构动态性四方面。

其中市场动态性体现在企业需结合市场的动态性变化及时做出调整；法律动态性体现在需依据知识产权在法律规定期限内的变化而做出相应的调整；政策动态性体现在需通过及时观察国家政策的动态变化而做出相关的变化；组织机构动态性体现在知识产权管理需结合组织机构等的变化而做出相关的调整。

2.2.3 知识产权管理的作用

加强知识产权管理能够提高知识产权创造的数量和质量。创造更多更好的知识产权是实施知识产权战略的前提，但是要提高知识产权创造的数量和质量，必须加强知识产权管理。

第一，从国家行政管理层面看，专利、商标、集成电路布图设计、植物新品种等知识产权，都需要国家知识产权行政管理机关依据法律代表国家向申请人授予相应的知识产权。因此，这些国家行政管理机关的管理水平高低，知识产权审查速度快慢和质量的好坏，直接影响我国知识产权创造数量和质量。

第二，从地方行政知识产权管理层面看，地方政府通过出台鼓励知识产权创造的政策等行政管理手段，可以促进知识产权的创造。目前，各地政府为了提高本地区的知识产权数量和质量，结合本地的实际出台了各具特色的鼓励政策，如设立专利申请资助资金，将专利申请量纳入考核地方官员的指标体系。

第三，从知识产权创造最重要的主体——企业层面上看，一是知识产权管理可以使创造的目标更加明确。知识产权管理的主要任务之一就是确立以专利战略为主的企业知识产权战略，并在战略框架内，依据企业的总体经营和创新策略，对知识产权的创造特别是对专利申请的数量、质量、时机、类别形成一个总的目标和方针。二是知识产权管理可以提高创新研发的起点，避免低水平重复研究。通过加强知识产权信息管理，建立和完善与本单位科研、生产领域相关的专利信息数据库，充分运用专利文献信息，可以及时了解与本单位相关的国内外技术动态，避免低水平重复研究，节约人力和资金资源。三是通过进行知识产权管理可以提高发明人、设计人的创造积极性。企业应根据专利法等知识产权法律和国家相关政策规定要求，在企业内部建立合理的知识产权利益分配与奖励制度。通过兑现奖酬，可以最大限度地调动职务发明人的积极性，充分发挥职务发明人的聪明才智，避免人才、技术流失。

2.2.4 知识产权战略的概念

知识产权战略是指为实现和保护创新成果的相关权益，建立有效运作的知识产权制度，获得和保持竞争优势并遏制竞争对手，而进行的全局性谋划和采取的重要策略与手段。知识产权战略主要包括战略目标、战略实施、战略重点和战略保障四个方面内容。

知识产权战略根据权利主体不同可以划分为国家知识产权战略、行业（产业）知识产权战略和企业（事业单位）知识产权战略三个类别（见图2.7）。国家知识产权战略是指通过加快建设和不断提高知识产权的创造、管理、实施和保护能力，加快建设和不断完善现代知识产权制度，加快造就庞大的高素质知识产权人才队伍，以促进经济社会发展目标实现的一种总体谋划。国家知识产权战略，不是单指知识产权事业自身的发展战略，也不是单指知识产权保护战略，它是一个覆盖许多领域的一个极为重要的国家战略。

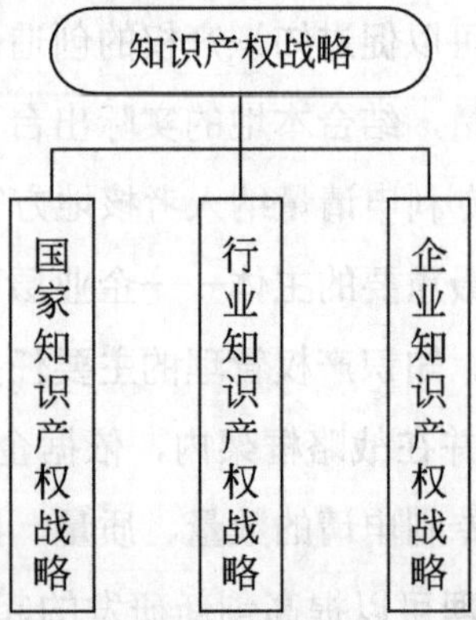

图2.7 知识产权战略的类别

行业知识产权战略与国家和地方知识产权战略的宏观性特征不同，也不同于企业知识产权战略的微观性，而是立足于促进行业协调发展而进行的知识产权发展谋划，强调的是行业领域的企业总体的知识产权能力提升和多维主体运用知识产权工具的策略组合。行业知识产权战略主体包括政府司法、企业、中介等。行业知识产权战略需要利用多重知识产权战略工具的整合，包括专利、商标、版权（著作权）、集成电路布图设计、商业秘密和未公开的信息、地理标志、植物新品种、协议许可中的反竞争行为等，应根据行业技术和竞争环境的不同而选择适宜的知识产权战略工具的组合。

企业知识产权战略就是作为技术创新主体的企业在进行技术创新活动时，运用专利及其他知识产权制度的特性和功能，从法律、经济和科技的角度，对有关技术创新知识产权的获得、保护、实施和管理等所做的总体安排和统一谋划，是企业从自身条件、技术环境和竞争态势出发做出的企业技术创新知识产权工作的总体部署，以及为实现创新目标而采取的有关知识产权的根本对策。

2.2.5 知识产权战略的类型

（1）防守型战略

在管理学上采取的一种不是很激进的战略，又可以称为稳定性战略。所谓稳定性战略，它是指企业不会追求目标上的绝对激进，而是沿用以往比较好的战略，只是为了能让企业保持一个比较良好的发展态势，它不追求一定要革新产品或者转移经济范围，而是以现在卖得好的产品为主打，在吃得开的市场持续打拼，为的就是实现安全进行，不会采取冒险措施来激起一场革命性的改变。这种在知识产权上的防御性策略旨在避开或减小知识产权障碍和威胁所带来的影响。为了制定防御性知识产权战略，需要对知识产权生态环境、既定战略和发展道路上的潜在障碍有全面的了解。通常来讲，此战略相对适合发展中的中小企业。

防守型战略有一些与众不同的特色：

第一，对企业来说，这种战略带来的相对安逸的经营环境，不会有什么大的风险。企业仍然在旧有的市场生产原有的产品，不需要进行额外的大成本的技术性开发。因为整个生产线都没有做明显调整，不需要花费大量的资金投入新产品的开发，也就避免了在全新领域试水失败可能带来的巨大经济损失。

第二，沿用原有的市场战略，无须进行新的市场资源的分配。毕竟在经营范围上没有太大调整，不必花费过多精力在对旧有资源的调整上，只需要在合适的地方小修小补，这显然比大刀阔斧的改革来得容易。

第三，在防守型战略的基础上进一步划分原有的市场也是具有一定风险的。毕竟企业的资源是比较有限的，如果细分出部分市场必定会将企业有限的资源吸引过去，万一在市场动向的把握上出现重大失误，将会给企业造成比较致命的打击。

第四，在市场中持续采用防守战略必将会削弱企业承受风险的能力，一个长期不经历风险的企业一旦再次面临风险，就会不自主地产生胆怯心理，有意地去避免风险，而在竞争如此激烈的市场里，不敢直面风险的企业是无法持续生存的，这会给企业造成永久性的创伤。

（2）进攻型战略

市场如战场，它是公平的，一个敢于主动发起挑战的企业很容易把握市场的主动权。在知识产权上采取进攻型战略可以让企业先发制人，获得市场竞争的主动权，形成自己的竞争优势，保护自己的知识产权。要想企业能够制定一个主动出击性的知识产权，需要对企业的产品和服务以及它们可以受到保护的程度及相关知识产权有全面的了解。一般来讲，此战略适合有足够实力的大型企业。

进攻型战略具有以下特征：

第一，一个采取进攻型战略的企业可能不会在市场上获得一个较快的经济增速，但是在该产品所处的市场上，一定会有一个喜人的经济增速。要看一个企业的经济增长的速度是否够快，主要就是看它是否可以飞快地占领市场。要想洞悉一个企业的战略态度，一方面可以从它所占据的市场份额中来获取，另一方面可以观察它在整个市场的总量不断增长的背景下能有多大的相对份额。

第二，如果一个企业采取的是进攻型战略，那么它所能获得的利润毫无疑问会远远超过市场的平均利润。这些企业能够保持较快的发展速度，也比较容易获得可观的经济效益，有助于后期成本的下降，进一步取得惊人的利润。

第三，采取这种激进手段的企业不会无聊到和竞争对手打价格战。他们会花很大的力气用于市场开发，不仅如此，他们也会花精力用于新产品的开发，甚至在企业的管理模式上都希望有能够超越竞争对手的优势。所以说，打价格战这种双方都受伤的策略绝对是下策，他们更热衷于在产品创新上做出成绩，形成自己的一套十分高效的管理模式。

第四，对于这部分企业而言，他们的成长和发展是建立在创新的基础之上，有创新就意味着有市场，所以他们不遗余力地开发新产品，开拓新市场，研究一些新工艺或者为产品找一些新用途，以期获得更多的发展机遇，追求在更庞大的风险之下获取高回报。对他们来说，不是仅仅适应外部环境就万事大吉的，真正的进攻型企业更加愿意通过自己的创新创造出一种足以改变外部事物的技术或者事物来满足自身需求。像这样的发展模式往往是受自身特性的作用，如果想要最终实现目标，就必须要有与之相匹配的外部环境的作用，一味地被动接受可能并不会产生多大作用。

2.3 专利战略

2.3.1 专利战略的概念

与专利概念不同，专利战略是指结合专利相关的法律、技术和经济原则，为企业在经济、技术领域竞争中制定一系列手段措施，从而使企业利益最大化。专利战略是在专利法律制度的基础上发展起来的，随着专利制度的发展，企业开始面对激烈变化、严峻挑战的市场环境，此时，一些以美国为首的西方发达国家的拥有自主创新技术的企业，为了在市场竞争中打击竞争对手，控制或独占市场，以期在市场竞争中获得长远的发展优势，开始自发地利用专利情报信息，研究分析竞争对手的状况，采取专利制度的法律手段充分保护自己，这实际上就是专利战略的实质内涵。

专利战略的目的是通过将技术转化为专利，把专利作为无形资产，从而获得技术独占优势，以求在同行业中取得有利地位，占领市场并保持市场优势，最终实现经济效益的最大化。随着知识经济的兴起，专利战略日益受到各国政府、行业、企业的高度重视，尤其是当知识产权战略与国际贸易相结合后，就更加体现了专利战略的重要性。在竞争激烈的市场中，想要克敌制胜，立于不败之地，就要学会巧妙地运用专利这个重要的暗器。

由图2.8可以看出，专利战略的制定是一个十分复杂的过程，首先根据专利战略制定的目的，进行相应的专利战略谋划。在做好专利战略谋划以后就要对领域内的专利技术进行调查分析，发现专利技术竞争中的优势与不足，制定相应的专利战略，然后跟踪监视，调查专利战略是否按照既定的目标发展。根据调查分析得出的反馈信息，对专利战略进行修改，最大程度确保专利战略与当前实际情况相结合，一步一步协调修改制定的专利战略，以谋求专利技术水平的提升。

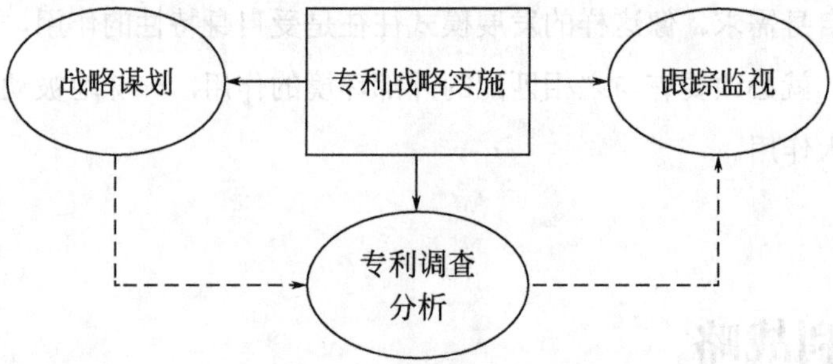

图2.8 专利战略框架图

专利战略是企业战略的重要部分，具有全局性、长远性、动态性、竞争性等普遍特性，另外还具备如图2.9所示的特点。

① 技术特点 专利源自技术的发明创造，专利的保护对象是发明、实用新型与外观设计。制定与实施专利战略时要联系专利技术。

② 法律特点 首先，专利战略管理要遵守专利制度，要受到相关的法律规范的约束，否则会受到制裁。同时，只有得到法律保护的专利，才能更好地进行技术开发和运用，才能使企业独占专利资源，防止被别的企业侵犯而失去既得利益。

③ 保密特点 企业的战略是领导层制定的长远规划，专利战略是企业整体发展规划的有机组成部分，对于企业来说具有高度的保密性。“知己知彼，百战百胜”，如果不做好企业战略的保密工作，竞争对手就会对我们了如指掌，若竞争对手制定出“略胜一筹”的专利战略，实施策略优先，这对于企业的发展有灾难性后果。

④ 地域和时间特点 知识产权具有地域性决定了专利战略的地域性，专利战略适用于签有国际公约或者双边、多边协定的国家以及取得专利权的国家，并且要符合该国的相关政策。专利权作为知识产权具有时间性的特点，因此专利战略的制定也要考虑时间因素。

⑤ 风险特点 企业发展的环境是不断变化的，专利战略的静态性和环境的动态性决定了必然存在风险。只有适应环境的战略才是好的战略，否则会给企业带来不必要的风险。面对复杂的外部环境，企业能否预测内外环境的变化趋势，决定企业能否做出正确的战略决策。

⑥ 综合特点 专利战略要同企业总体经营战略相结合，这样才能创造出最佳经营业绩。

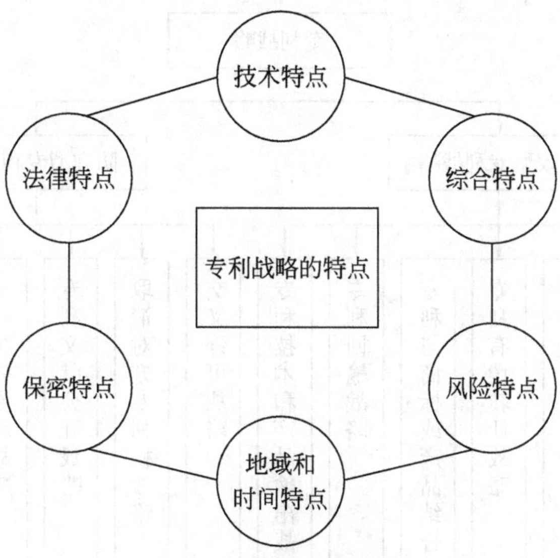

图2.9 专利战略的特点

2.3.2 专利战略的类型

企业在制定专利战略时，必须对市场信息、行业发展状况、同行竞争对手进行充分了解，再结合企业自身的经济、技术条件与发展目标来制定。因此专利战略体系非常庞杂，内容十分广泛，关于专利战略的分类也有很多种。按照企业专利战略的性质来划分，可以将企业专利战略分为进攻型战略与防守型战略两种基本形式，每一种专利战略形式又有各种具体的战略措施，如图2.10所示。

（1）进攻型专利战略

进攻型专利战略是指企业为了抢占并垄断市场，在研发出新技术时为了在市场技术竞争中拥有主动权，及时申请专利并获得专利权，避免受制于人。进攻型专利战略可以通过对专利制度的巧妙运用有效地帮助企业扩大自己的专利阵营。进攻型专利战略又包括了基本专利战略，外围专利战略，专利收买、引进战略，专利有偿转让战略，专利与商标或产品结合战略，专利回输战略，专利技术和产品输出战略等战略类型。

① 基本专利战略　即企业为了使自己在新技术、新产品的市场竞争中占据优势地位，对市场发展方向进行预测，将本行业和本企业业务领域中的基本技术或核心技术申请专利或进行二次开发创新，以引导技术领域的发展。

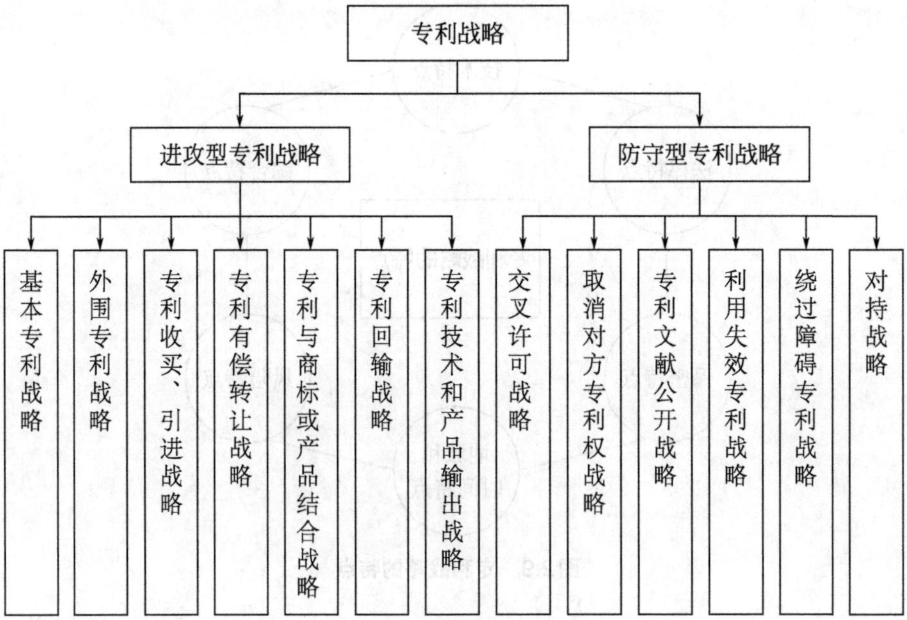

图2.10 专利战略分类

② 外围专利战略 又称专利网战略，即企业在自己或他人的基本专利周围编织专利网，开发许多原理相同的技术，并及时申请专利。在围绕自己的基本专利时，针对企业核心技术开发出一系列原理相同的技术，并全部取得专利权，以企业核心技术为中心撒网，最大限度地保护自己的核心技术，从而形成技术垄断；在围绕他人的基本专利时，针对他人的核心技术开发出一系列原理相同的技术，积极申请专利，达到限制他人专利发展的目的。如果企业根据自身设施条件无法进行基本技术开发，也可以选择通过针对竞争对手的基本专利布置专利网，以遏制竞争对手的基本专利。

③ 专利收买、引进战略 企业在开发新技术时难免要投入巨大财力，而这种投入同时存在很大的风险，有时企业为了避免承担风险，选择花高价从其他企业或个体发明人那里购得专利权，既节约了技术开发时间，又能缩小与世界先进技术的差距，采用许可实施方式，获得高额使用费。日本就是成功运用专利收买、引进战略的典型国家。

④ 专利有偿转让战略 通常在以下情况下使用：一些大型企业本身拥有自己庞大的专利库，一部分专利用于自己实施，另一部分专利由于实施价值不大自身并不实施，而是通过有偿转让的形式转让给他人，自己从中获得转让费；另

外，一些实力薄弱的小型企业，自身没有条件实施其专利技术，采取有偿转让的形式，将专利转让给有能力实施的企业，从中获取转让费，为企业谋求经济收益。

⑤ 专利与商标或产品结合战略　即企业为了增加产品销量，提高产品名声，在许可其他企业实施自己的专利时，以对方使用自己的产品和商标为附加条件；或者许可其他企业实施自己的专利，同时取得对方商标的使用权。

⑥ 专利回输战略　即企业从其他国家或企业引进专利，然后对引进的专利进行二次开发，申请新的专利，再将新专利卖给原引进国或企业，或者将新专利与引进专利进行交叉许可。

⑦ 专利技术和产品输出战略　即企业在准备将技术和产品向某一国输出时，先向该国申请专利，使自己的技术和产品在该国获得专利保护，使其技术在该国获得垄断市场。

（2）防守型专利战略

防守型专利战略是指企业针对自己在技术竞争中的弱势地位，制定一系列策略来抵御竞争对手的进攻，从而维护自己原有的市场。一些技术、经济实力薄弱的小型企业通常采取专利防守战略来应对竞争对手的进攻型战略。常用的防守战略有交叉许可战略、取消对方专利权战略、文献公开战略、利用失效专利战略、绕过障碍专利战略和对持战略等。

① 交叉许可战略　交叉许可战略又称互惠许可战略，即两个企业为了降低双方的技术研发成本，相互引进对方的强项技术项目，这样既缩短了技术研发周期，又提升了双方在市场竞争中的优势，两方实现互惠互利的战略合作，有效地发挥了专利的战略价值。另外，有时企业与其他同行企业的专利技术十分类似，此时，为了避免辨别权利归属，通常采用交叉许可战略。

② 取消对方专利权战略　即当企业发现竞争对手的专利阻碍了其发展时，可以通过专利文献信息对现有技术及竞争对手的专利进行认真研究，从而找出竞争对手专利的缺陷和漏洞，找出对方专利丧失新颖性的证据，通过宣告对方专利无效的手段使对方全部或部分专利权无效，从而维护企业自身发展。

③ 专利文献公开战略　即某些技术对企业的发展帮助不大，没有申请专利的必要，但若被其他企业取得专利又影响企业自身的发展时，就积极地将该技术信息在公众出版物上公开出来，使其失去新颖性，从而使对手也无法就其申请专

利，既保证了自己的优势，又限制了对手。

④ 利用失效专利战略　即企业针对他人已经过期或被宣告无效的专利，认为对企业发展有帮助，可以对其进行认真研究，重新开发形成自己的专利，或者进行开发实施前的准备工作，一旦过期或被宣告无效，立即实施。这样做不会造成专利侵权行为，风险小、效率高。

⑤ 绕过障碍专利战略　即企业针对他人取得专利权的技术，采取绕开其保护范围的形式，或者避开该专利取得专利权的国家使用该专利技术。

⑥ 对持战略　即遇到专利纠纷时，其所涉及的技术界定又不十分清晰，专利权人和被控侵权人通常会利用等同原则和公知技术抗辩原则，相互对持。

（3）混合型专利战略

企业所实施的专利战略是复杂的，多层次的，不会仅是单一的进攻型战略或防守型战略，而是根据企业自身的发展情况，将两种战略结合起来。在专利文化成熟的国家和地区，大多数企业采取这种攻防相结合的混合型专利战略。

2.3.3 实施专利战略的基本路径

2.3.3.1 专利战略的制定原则

专利战略的制定原则见图2.11。

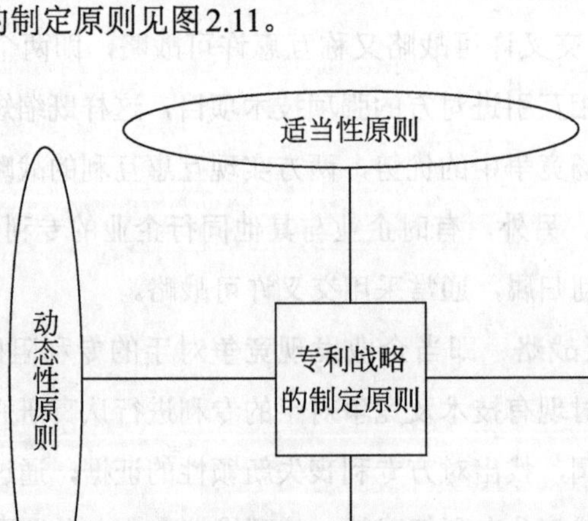

图2.11　专利战略的制定原则

（1）适当性原则

企业专利战略具有多样性，但无论是国内还是国外企业的专利战略都具有一些共性的规律，而对不同的企业而言，又存在各不相同的个性。因此，企业要制定适合自己的且具有可行性的专利战略，必须从其自身的综合实力出发，结合企业的性质和规模、产品销售领域、经营风格、科技实力及其自身特点制定具体的战略目标。

一般地，一些实力雄厚的大型企业可以凭借自身的技术实力采取进攻型战略，同时辅助性地采取一些防守型战略以应对日益激烈的专利竞争。一些实力薄弱的中小型企业由于技术创新能力较弱，可以侧重于防守型专利战略来化解竞争对手的专利进攻，从而保持企业的现有技术优势。

（2）与企业经营发展战略紧密结合原则

企业专利战略属于企业经营发展战略的组成部分，受企业经营发展战略目标的制约和指导，并与企业经营战略紧密结合。因此，企业必须注重专利战略与企业总体发展战略的布局，使得专利战略为企业战略服务，不断提升企业竞争力。这样才能确保制定出来的企业专利战略能推动企业经营发展。反之，如果专利战略选择和运用不当，反而可能会影响企业整体发展，发挥不了专利战略的优势。

（3）动态性原则

企业在制定专利战略时，一定要重视时限，在这个技术辈出的时代，技术更新速度极快，时限对于专利战略来说显得尤为重要。一项技术从研发出来到取得专利权，到最后的实施投产都在跟时间赛跑，一旦时机没有抓住，便损失惨重。因此，企业在制定专利战略时，一定要注重时效，紧盯市场的动态及时做出相应调整。

（4）综合性原则

专利战略是一个综合性的战略，不是依据某单一领域就能制定的，它需要对技术、经济和法律三个方面的信息进行资料收集调研，再结合企业自身情况来综合制定。技术方面，应当重视专利文献情报，对同行业、同类产品专利文献进行分析、研究，了解行业技术发展趋势，把握企业的技术研究方向。经济方面，通过对专利文献的研究，帮助企业明确竞争对手专利技术的市场占有状况，分析对手的战略意图，从而制定出应对策略。法律方面，企业在制定专利战略时，应当首先对专利法、专利法实施细则以及我国参加的各项国际条约进行研究，充分维护自己的专利权。

2.3.3.2 科研院所专利战略的制定思路与步骤

企业制定专利战略的思路与步骤如图2.12所示。

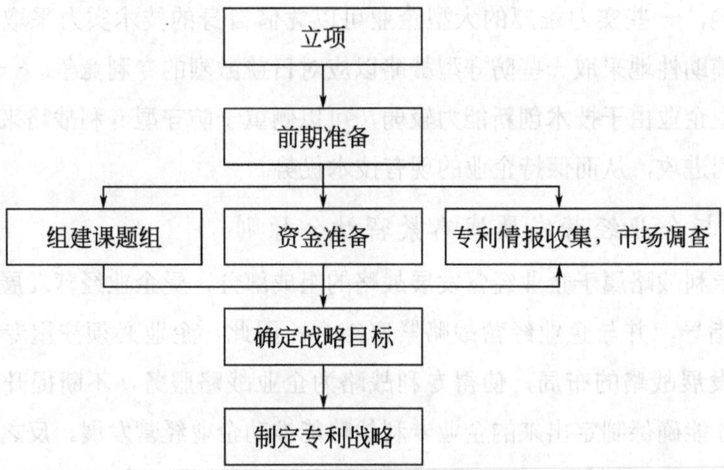

图2.12 专利战略的制定步骤

（1）立项

立项就是企业在构建专利战略之前，针对企业具体某一特定时期或某一特定产品制定企业专利战略的课题。课题一般由企业专利管理部门或主管人员向企业各部门征集，或者是企业专利管理部门在专利管理的过程中发现了影响本企业产品市场的新专利技术时，认为有必要对其进行研究时主动提出立项，也可委托相关机构或人员完成，后者一般要订立委托协议书，并注明相关事项。企业不能生搬硬套地采取一种或几种专利战略，必须事前进行系统分析，制作一个长远且综合的规划，使战略具备调整和执行的条件。

（2）前期准备

① 组建课题组　专利战略与企业市场战略、科技战略、宣传战略等一系列企业战略相辅相成共同服务于企业。因此，在组建专利战略课题组时，不能单独由某一方面的人员来组成。课题组应当由知识产权工作者、企业负责人、企业

的技术专家、企业的营销人员等组合而成。这样制定出来的专利战略才具备综合性，从而也具备了可操作性。特别值得一提的是，课题组成员一定要有企业高层，只有从上而下贯彻地重视专利战略，才能将其作用发挥出来，否则战略制定得再好也是徒劳无功。

② 资金准备　企业在制定专利战略时一定要有充足的资金作物质基础，专利战略中的各项程序，如委托研究、资料收集、市场调查与分析都需要足够的资金来启动。

③ 专利情报收集与市场调查　企业在制定专利战略前一定要进行专利情报收集与市场调查，通过调查市场了解行业的发展状况，从而确定企业将要发展的领域，通过收集专利情报掌握技术发展动态。依靠专利检索平台检索出专利说明书摘要，从中挑选出对企业经营发展战略起作用的专利技术，提取全部专利申请文件。通过对专利说明书与权利要求书进行仔细分析，了解相关专利的市场前景、发展趋势、内容特点、有效期限，专利技术对本企业的市场影响，竞争对手的市场分布等。通过专利情报收集与市场调查为企业专利战略目标的制定打下坚实的基础。

2.3.3.3 确定战略目标

确定企业专利战略目标是企业专利战略制定的一个关键性步骤，专利战略目标是构成企业专利战略的重要因素。建立专利战略目标是为了有效地保护企业自身的专利技术，获得、占领和控制市场，同时及时有效地使企业获利。一旦专利战略目标制定错误，将会带来无法挽回的损失。

(1) 分析企业综合实力

在战场上，知己知彼方能百战百胜。专利战略目标的建立也必须在这个基础之上。制定企业专利战略目标时，必须先了解企业自身的经济和科技实力、市场的发展动态和与同行企业的竞争差距等。然后针对企业的规模、经营方针、资源配置、市场发展前景、技术研究能力、行业发展状况、资源存量、行业状况与产业政策等进行调查研究，确定企业专利战略目标。

(2) 分析专利情报

专利情报对企业专利战略的制定具有十分重要的作用。专利情报主要是指专利文献，它具有信息量大、内容广泛、实用性、创造性、新颖性、法律性等特点。总体来说，企业在技术开发的各个阶段通过分析专利情报信息，就可以充分了解相关行业的国内外技术水平和现状，从而保证专利产品开发战略选题的正确性。通过分析该技术或产品的发展趋势，确定待开发的新产品是否符合需求，是否具有市场竞争力，以避免盲目开发及盲目投入。

2.3.4 国外专利提升战略经验借鉴

发达国家实施专利战略已经有近百年的历史，他们的企业对于专利战略的实施积累了丰富的经验，其中尤以美国和日本的专利战略最为典型。专利战略在我国是近些年才提出来的，因而专利战略对我国企业而言还相对比较陌生。因此，有必要对美日两国的专利战略进行分析研究，从他们身上得到有益的经验，所谓他山之石可以攻玉，通过对发达国家企业专利战略的比较研究，可以让我们更了解竞争对手，便于今后在专利战略中能够知己知彼，百战不殆。

（1）美国专利战略经验

美国可谓是当今世界经济与科技的头号强国，一直以来美国政府都非常重视实施专利战略。美国是世界上最早建立专利法的国家之一，早在1790年就颁布了第一部专利法，经过近两百年的发展，在20世纪80年代末提出以企业为主要实施主体，将专利战略提升为国家的发展战略。为了维护、巩固本国企业在国际市场竞争中的优势，美国采取了政治、经济、外交等手段在全球范围内推行其知识产权制度，以谋取经济利益，并取得了巨大成功。

美国企业主要采取进攻型专利战略，他们20%的专利用于实施，剩余80%的专利用于布置专利网来限制竞争对手，从而占领市场先机。美国企业的专利战略能取得如此巨大的成功，主要由于具有以下特点：

① 完善的知识产权体系与良好的法律制度　为了保护本国企业的知识产权，美国建立了包括司法、行政、刑法等一系列知识产权保护体系。美国建立了多层次的司法体系来加强知识产权司法保护，分别有联邦法院和州法院，其中联邦法院又分为联邦地区法院、联邦巡回上诉法院和联邦最高法院。1982年美国国会通过了《联邦法院改进法案》，设立了联邦巡回上诉法院，制定了以之为核心的统一的联邦专利司法制度，大大提高了司法效率。在知识产权行政执法体系上，美

国《海关与关税法》第337条规定知识产权权利人根据初步证据，认为某种进口商品侵犯其知识产权时，可以请求发起调查。侵权行为一旦成立，就可以发布排除令和禁制令，甚至扣押涉嫌商品，使涉嫌侵权的国外商品无法流入美国市场，从而保护美国本土企业。在知识产权刑法保护体系上，美国重视通过刑事制裁来打击侵权者，对严重侵犯专利、商标、版权以及商业秘密等知识产权的行为都规定了相应的刑事制裁措施。

美国的专利制度比较完善，专利的保护力度大，从制定专利法以来，对其进行了多次修改，不断扩大专利法的保护范围，以促进科技、经济发展以及适应国际竞争。20世纪80年代以来，一些新兴的技术领域也相继被纳入了专利的保护范围，而且这些新型专利审查标准比较宽松，从而促使美国在这些领域的专利申请量非常大，稳居世界首位。美国在保护发明创造的成果上采取了一系列的措施，利用专利法制定了许多有利于本国企业的条款，来防范竞争对手。同时，美国制定了反垄断法等相关法律来防止专利权人对权力的滥用。此外，美国还积极参与国际条约的制定，为专利战略的实施奠定基础。

② 企业自身重视专利战略　美国企业，尤其是跨国企业对待专利战略的态度相当认真，大多数企业在企业内部都设有自己的专利战略管理部门，把专利战略作为争取市场的重要工具。美国企业在构建专利战略管理部门时，设置了一系列的环节来确保专利战略的实施，例如聘用专员、技术开发、专利申请、签订许可合同、追踪侵权行为等。这些企业制定专利战略时都埋下了精密的“地雷”，以求击破其他竞争对手。

企业为了保护自己的技术，仅用司法保护是不够的，美国企业在制定专利战略时对构筑专利防御体系非常注重，尤其是在核心技术领域。另外，美国企业对专利权的运用也有深入的研究。他们企业在考虑某项科研成果是否要申请专利时，通常都要列出衡量因素来对其进行评价，有些甚至还成立了专门的评价委员会来审查和评价企业的技术创新。在运用专利权时，美国企业会针对不同的情况，实施不同的策略，将专利权的运用发挥到了极致，专利既可以用来竞争，也可以用来合作。

近几年，美国众多大型跨国企业开始注重专利转让，通过收取专利转让费为企业获得利润，或者通过转让专利或专利许可或投资入股的形式分享给其他公司，通过专利交易的方式将自己的高质量专利许可给其他需要的企业，在获得高额许可费的同时，又可以对被许可企业的研发成本和产品成本进行有效控制。美国企业通过专利许可交易达到了技术与市场的双优势，使技术在全球范围内更快地发散，加快了企业获益速度。相当多的美国企业通过专利交叉许可获得企业发展的自由权，通过专利权的交叉许可，可以使双方企业都获得所需要的技术、市场，专利战略价值得到了更充分地发挥，创造出了更大的竞争优势。企业在申请专利的同时，放眼国际市场，时刻关注国际市场动态，以确保取得专利权后进行有效的国际投资。美国企业在对自身专利权的保护上，善于利用法律武器来维护自身权益。

③ 利用政府的影响力为企业在海外的专利保驾护航　美国企业利用美国民间组织、议员等院外势力，向美国政府施压，促使美国积极参与国际知识产权法的制定与修改工作，在此过程中力图将美国的专利制度国际化，制定高标准的产品准入门槛来阻止国外尤其是发展中国家的商品进入美国市场，以达到保护本土市场的目的。1993年12月15日，关贸总协定乌拉圭回合中达成的《与贸易有关的知识产权协议》（简称TRIPS协议）反映了以美国为首的发达国家的要求，其中美国贸易谈判将专利保护设置成非关税的障碍，对发展中国家也采取美国的标准来保护美国在该国的知识产权，然而，这些发展中国家的经济与技术水平较之相差甚远。当美国企业的知识产权在某国受到严重侵犯时，企业往往通过美国政府向该国施加压力，以保护美国企业在该国的利益，帮助美国的知识产权国际化达到了顶峰。通过TRIPS协议，美国通过帮助解决世界贸易组织争端，在国际范围内拓宽了其专利保护范围。

（2）日本专利战略经验

论专利战略的实施，日本最有话语权。日本领土狭小，资源相对匮乏，为了在国际经济竞争中夺得一席之地，只能依靠产品技术来赢得竞争优势。第二次世界大战之后，日本的科技与经济实力还比较薄弱，与欧美发达国家有一定差距，之后日本开始注重专利战略的运用，开始追赶美国技术，从模仿、改革到创新的模式持续了几十年。而后，美国在贸易上对日本进行打压，日本的仿制势力得不到发展，转而开始研发高端技术。进入新世纪后，日本已经成为国际技术输出大国，日本的知识产权战略开始驶向国际。日本专利战略的发展过程是由弱小变强大的成功典范，对于我国一些缺乏技术创新能力的企业具有启发作用。

日本企业运用专利战略的特点如下：

① 针对国家不同的发展阶段，对不同国家实施不同的专利战略。日本企业在制定专利战略时，针对国家不同的发展阶段，实施了不同的战略。20世纪50～70年代，由于第二次世界大战后日本经济、技术力量比较薄弱，针对发达国家，由于其经济、科技实力较强，知识产权制度完善，他们就采取或攻或守的专利战略，针对发达国家的基础性关键专利技术编织小型专利防御网。等到日本的经济和科技实力具备一定的规模时，他们便积极展开专利进攻战略去占领国内外市场，谋取更大的利益。20世纪70～80年代，日本企业的专利战略开始由技术创新转向自主专利战略。到20世纪90年代，日本加大了基础研究投入，为了增强高新技术领域的竞争力采取促进原创技术的专利战略。此时，针对发展中国家，由于其知识产权制度起步较晚，意识较薄弱，影响了日本在该国的利益，因此日本开始推动发展中国家建立和完善知识产权制度，以维护其在该国的利益。

② 日本政府及企业本身重视实施专利战略。日本政府及企业对专利战略的运用高度重视，早在1899年日本就正式制定了《日本专利法》。此后，为了适应新的国际专利制度的发展，同时为了配合日本企业的专利战略，日本对其专利法进行了多次修订。2003年2月，日本为了加大知识产权保护力度，在内阁增设了知识产权战略本部，足见日本对知识产权的重视程度。

日本企业普遍认为专利战略对企业经营战略起到了关键性的作用，他们认为专利是一种产品，是一种资源，是一种商业财富，因此大多数本土大型企业针对专利战略的制定设置了专门的机构，为企业自身发展制定合适的专利战略，以谋求经济利益与长远发展。

③ 重视国外先进技术的引进、消化和吸收，并在消化吸收的基础上加以改进和创新。美国、日本、德国是当今全球三大专利申请大国，专利申请总量占全球总数的近六成，日本在专利申请总数上更是紧追美国。日本从第二次世界大战后的经济、技术力量薄弱到如今的专利大国，经历了对发达国家专利技术的引进、消化、吸收和改进及创新。第二次世界大战后，日本为了在技术上赶超发达国家，采取了引进、模仿、创新的方式，在全世界到处搜寻先进技术，然后引进、改良，其中尤以美国为主。但日本在对技术进行引进、模仿时，并不只是单纯的使用，而是对技术进行研究，最后加入自己的核心技术进行改良创新，并且

从引进、消化、吸收到改进、创新再到主导市场的周期越来越短，最终成功占领市场。

（3）发达国家专利战略经验总结

美日企业是实施专利战略比较早且比较成功的范例，对于我国这样的发展中国家的企业都具有很重要的示范作用。我国企业目前专利意识、技术和经济实力都还比较薄弱，在世界专利竞争中还处于弱势，形势非常严峻，但我们可以在借鉴他国企业成功实践的基础上，利用后发优势，奋起直追。通过对美日企业专利战略的比较分析，发现我国企业应在以下几个方面进行努力：

① 高度重视专利战略在企业经营发展整体战略中的地位。美日知名企业大多都将专利战略作为服务企业发展战略的一个重要组成部分，以此促进企业的技术进步以及整个企业的发展，积极促进专利制度的完善。目前我国企业的专利战略工作还处在起步阶段，应当借鉴美日企业的成功经验，将制定和实施的专利战略作为企业经营发展战略的一个重要组成部分。通过专利战略的运用，在世界各地攻城圈地，攘外安内，构筑壁垒，维护企业的垄断地位。

② 健全专利管理机构并明确其管理内容。美日知名企业都设有专门的专利管理体系和制度来制定与实施专利战略，反观我国绝大多数企业在这个方面都非常薄弱。所以，我国企业要制定和实施专利战略必须先加强体系和制度这个基础环节的建设，设置专利管理机构以及明确其管理内容。专利管理机构主要负责专利技术研发、专利申请、对员工进行技术培训、制定发明奖励方案及专利纠纷处理等问题，并且将日常专利管理工作与专利战略紧密结合起来，聘用专门的专利管理人员来建立和健全专利管理机构和专利文献档案。

③ 积极引进先进技术，消化、吸收、再创新。日本企业引进、消化、吸收国外先进技术的成功有力地证明了这是一条实现企业技术进步的捷径，适当地引进国外的先进技术，对于追赶世界先进技术有一定的帮助，还能节约研发开支，并获得良好的经济效益。我国企业通常只重视技术的引进，往往忽视了技术的消化、吸收和再创新，使企业陷入不断引进技术的怪圈，不但没有取得预期的效果，反而付出了巨大的财力。我国企业在对技术进行引进后，应当注重对技术的消化和吸收，最后再加入自己独特的核心内容达到再创新的目的。

2.4 科研院所专利管理

2.4.1 科研院所专利管理的内涵

科研院所是典型的人才密集、智力密集的知识型组织，具有如下鲜明的特点：① 科研院所以知识工作为主；② 科研院所的业务模式主要有研究、设计、产品、工程、服务等，其业务形态表现为项目；③ 科研院所的工作由知识工作者完成，知识工作者即知识型员工，且知识工作者具有一定的流动性。

因此，结合科研院所的特点以及知识产权的定义，本书认为，科研院所专利管理可以分为广义和狭义两种概念。广义的科研院所专利管理是指在特定的环境下，为达成专利创造、运用和保护活动的最佳目标，对科研院所所支配的专利进行有效计划、组织、领导和控制，以促进知识产权体系高效率运行的一种综合性活动。广义概念体现了科研院所知识产权管理的基本职能。而狭义的科研院所专利管理则是指科研院所为提高专利创造、运用和保护能力，通过制定战略规划、政策措施，建立组织机构与配备人员，开展关系协调与控制冲突等，优化专利资源配置而进行的包括专利信息检索、专利申请授权与维持、专利转化实施和专利有效保护等的综合性、系统性活动。狭义概念则体现了科研院所专利管理的主要任务。科研院所专利管理包含的内容较多，人员培训、相关制度建立、管理战略设计等均属于其中。科研院所专利管理，作为科研院所开展知识产权工作采取的整体化安排，其在法律、市场、竞争等多方面进行动态化、实时化、综合化管理，可以有效管理知识产权工作，提高知识产权能力，提升科研院所在国际化市场中的优势。

科研院所专利管理包括以下要素：

① 管理主体　专利的管理必须要有一定的主体来进行。科研院所专利管理主体是具有法人地位的科研院所。

② 管理制度　制度是科研院所进行专利管理的依据，制度的好坏直接关系到专利管理的成效，主要包括专利法律法规，科研院所专利管理的制度政策等。

③ 管理方式　科研院所对专利进行管理，要采用一定的方式、方法。方式、方法的好坏是专利管理工作成功与否的关键，是能否提高科研院所创新能力和竞争力的重要因素。

④ 管理目标　专利管理的目标是指科研院所对知识产权管理所预期的目标，它一般可以分为近期目标、中期目标和远期目标。但是，其最终的目标只有一个，那就是提高科研院所的创新能力和竞争力。

⑤ 管理措施　科研院所专利管理的措施是指科研院所对专利采取的组织、计划、控制等手段。

2.4.2 科研院所专利管理的功能

（1）激励创造功能

专利创造是知识产权管理的重要起点，专利创造主要包括专利研发创造、专利权利获取和专利保护范围拓展三个方面。专利创造过程实际上是发明创造和权利创造的过程。专利研发创造是指以创造专利为目标的研究开发活动。专利权利获取是指国家知识产权主管部门针对特定智力成果和经营性标记授予权利人在特定时期、地域内专有权或者独占权的活动，而且还包括国际专利权利的获取。专利管理激励创造的功能主要表现在激励科研院所依靠专利捕捉技术机会，选择正确的研究开发方向和研发路线，开展知识产权战略布局，形成具有专利的创新成果。为发挥激励专利创造的功能，科研院所专利管理应以专利战略规划、专利政策制定与实施为手段，充分运用专利法律制度，全面实施科研项目专利全过程管理，创造出更多创新成果和高质量高效益的在国内外被有效保护的专利。

专利管理可以调动科研院所专利创造的积极性，创造出更多高质量的专利，从而有利于提高科研院所的自主创新能力。通过专利管理，科研院所可建立合理的知识产权奖励与利益分配制度，从而调动知识产权创造者即科研人员的积极性。通过对研发及生产、采购、销售、人才培养等环节知识产权工作的有效管理，可以进一步整合和发挥科研院所的人、财、物、信息等资源优势，促进高水平知识产权的产出。尤其是对于能力弱的科研院所，通过有效的专利管理，可以查找差距和不足，有针对性地增强自主创新能力。

有效的专利管理有助于形成激励科研院所创新的“倒逼”机制。在专利管理过程中，可以发现同行的优势和自身的劣势，从而明确科技创新努力的目标和方向。由于他人专利的存在，为避免专利侵权所带来的法律风险和经济损失，科研院所将被迫进行原始创新、集成创新和改进创新。他人的后续创新行为也会对科研院所形成潜在压力，从而推动其创造出更多更高质量的专利，从而有利于科研院所形成一个鼓励创造的良性循环机制。

（2）促进运用功能

近年来，随着我国知识产权事业的快速发展，专利更多地融入经济社会发展的主战场，科研院所、高校、企业和政府都越来越重视专利的运用。专利运用是科研院所知识产权创造和保护的目的，科研院所专利管理水平的高低直接决定其专利运用能力的高低。

专利管理促进运用功能表现在科研院所能依靠专利创造新的产品和许可市场，从而创造新的价值。科研院所专利运用主要包括利用专利制度强化创新管理与提高竞争力的专利制度运用和专利转化为生产力的商业化运用两个方面。专利商业化运用又包括专利转移扩散、专利创业和专利产业化三个方面。商业化是科研院所专利管理的最终目的，构建专利池或专利组合和制定自主知识产权技术标准是运用知识产权制度提升科研院所自主创新能力和竞争力的有效途径，也是实现商业化的重要手段。专利管理促进知识产权运用的关键是通过将自主知识产权尤其是专利纳入技术标准和专利池、专利组合中对产业产生影响力和控制力并实现商业化。

专利商业化运用的基础是必须拥有一批有效的专利。有效的专利是专利创造的最重要部分，更是专利运用的前提。而有效专利的基础是专利的质量和维持策略。专利运用还包括面向市场需求集成专利，开发有竞争力的专利，尤其是与技术标准结合的必要专利组合覆盖的标准产品，这是专利运用的有效形式。专利运用是企业经营管理活动中的重要环节，在经营管理中具有重要地位。科研院所知识产权运用主要包括知识产权的自我实施和对外的转让或许可实施，还包括知识产权价值评估、知识产权许可合同签订、知识产权许可收益分配等。科研院所进行知识产权管理，不仅能够提高企业的经济效益，也能提高科研院所自身的经济效益。

（3）强化保护功能

专利保护是国家司法机关和行政机关根据法律规定对专利权利人的合法权利进行的保护，主要包括专利司法保护和行政执法保护两个方面。专利制度将智力成果设为财产权加以保护，赋予权利人一定期限内的排他权，是整个专利制度的核心，也是专利战略实施的基础。整体而言，专利管理可以降低科研院所的专利风险，提升科技创新的效率，维持科研上的领先地位，也可以为被许可企业建立有效的防御网络。

科研院所专利管理加强保护方面的功能主要体现在三个方面。一是科研院所通过制定人员聘用、合作研究、外出学习、出国交流、权利归属等内部管理措施保护专利。二是科研院所利用专利司法与行政途径通过积极应对指控诉讼、主动发起指控诉讼保护专利。三是科研院所通过主动调查、监测侵权、主动取证、发出警告、自行协调解决等措施保护专利。

通过专利管理强化专利保护，科研院所首先要建立完善的专利保护制度和政策，制定和完善人员聘用、合作研究、外出学习、出国交流、权利归属等方面的政策措施，掌握专利合同签订技能，保护自身专利权益。其次要掌握专利行政司法保护的技能，敢于利用司法和行政途径保护专利。另外，还要增强自我保护能力。科研院所要主动积极加强对本领域国内外专利的监测，发现侵权行为或迹象时要及时调查取证，必要时要委托律师发出警告函，主动保护自主专利。

（4）资源配置功能

专利管理的一项重要功能就是能够实现知识资源的优化配置。通过资源的优化配置来达到资源的有效利用，从而实现经济效益和社会效益的最大化。加强专利管理有利于科研院所充分利用科技创新资源来实现其发展目标。在研究立项阶段，科研院所通过有效的专利管理能充分利用专利信息资源，不仅可以避免项目重复立项，避免重复研究，而且可以提高科技创新的针对性，提高科技创新投入的科学性，有利于在战略高度布局有价值的专利。在研究开发阶段，能充分运用专利信息资源，不仅可以避免重复研究，可少走弯路，而且也可以掌握同行或竞争对手的创新情况，不仅可以避免同质竞争，而且可以开拓新的技术路线。在科技成果推广阶段，受专利保护的科技创新成果内容通过各种载体向社会公布，成为新的专利信息，不仅增加了社会有用知识的总量，还可被社会合理利用产生新的价值。在科技创新成果商业化阶段，发明创造成果进入市场，在给权利人创造物质财富的同时，也增加了全社会物质财富的总量。

强调资源配置功能，就是要在加强科研院所专利管理的过程中，充分利用专利资源尤其是信息资源，进行有效的信息分析利用，从而在更高的起点上进行创新。赋予科研院所专利管理资源配置的功能就是要使科研院所充分掌握和利用专利创造、获取、维持及运用各个环节的专利资源，使专利资源的获取与利用贯穿科技创新的全过程。强调资源配置功能，必须要使科研院所掌握资源配置的方法，在人力、财力、物力等资源有限的情况下，充分发挥现有资源的作用，提高投入产出效率，从而创造出重要的创新成果，形成竞争优势，以实现预期的发展目标。

2.4.3 科研院所专利战略的管理

科研院所专利战略是研究机构为提升自主创新能力，获取和保持竞争优势的总体性谋划，是一个具有全局性和长远性的谋划。一般的战略或规划都包括形势与任务、总体思路、战略重点与重大任务、政策举措、规划实施等几个方面。科研院所专利战略主要由战略目标、战略定位、战略重点、战略措施、实施策略、战略步骤和战略评估组成。

（1）专利战略环境分析

科研院所专利战略环境分析主要是战略或规划的形势与任务分析，主要是分析面临的国内国际专利形势，分析科研院所专利面临的机遇、挑战和自身的优势、劣势，提出实施专利战略规划的突出问题和重大需求，从而明确专利战略规划的重要性、必要性和紧迫性。制定科研院所专利战略，首先要弄清楚科研院所专利战略的环境状况，开展环境分析，主要包括内部的优势和劣势分析，外部的机遇与挑战分析。通常的环境分析多采用SWOT分析法（也称道斯矩阵）即态势分析法。该方法是20世纪80年代初美国旧金山大学的管理学教授韦里克提出的，经常被用于战略制定、竞争对手分析等。主要包括分析科研院所专利的优势（strength）、劣势（weakness）、机遇（opportunity）和挑战（threats）。优劣势分析主要是着眼于科研院所自身的专利实力及其与竞争对手的比较，而机遇和挑战分析将注意力放在外部环境的变化及对科研院所专利管理的可能影响上。

优势分析主要从专利创造、运用、保护和管理四个方面分析科研院所的优势，具体包括专利尤其是专利的数量和质量，专利组织体系与人才队伍建设，专利运用与效益，专利应对侵权能力，专利管理与科研项目管理结合情况等。由此可以分析出本科研院所专利管理工作在国际同类科研院所中的地位，也可以分析出科研院所在某一技术领域的优势。

劣势分析应主要从专利创造、运用、保护和管理四个方面进行分析，通过分析国际同类科研院所的专利情况，分析本科研院所专利的地位，找出具体在哪些方面哪些技术领域存在劣势，并找出主要的几个劣势，如专利管理能力较弱，专利转移转化能力较弱，缺乏专业专利人才和团队等。

机遇分析主要是找出对科研院所专利发展具有较大影响的机遇或机会。机遇一般是指世界科技发展、世界其他国家经济发展，以及本国或本单位的重大政策或战略。可以从科技革命、产业革命、国际金融危机或债务危机入手，分析本领域技术的可能发展趋势，分析未来市场的可能发展趋势，分析未来专利与创新政策的动向与趋势等，从而找出本科研院所专利发展的机遇。

挑战分析主要从外部分析入手，应分析经济科技全球化背景下的全球创新要素流动和国际贸易不平衡等带来的挑战，如人才流失问题、反倾销调查问题、专利保护国际压力问题等。还应分析科技革命和产业革命的可能方向，以及国外主要科研院所的重大专利举措及其不利影响。除此之外，也要分析国家政策和市场可能会出现的不利变化。

（2）专利战略选择

当前，从创新过程来看，科研院所主要的专利战略有以下几个：

① 专利创造战略　专利创造战略主要表现在研究开发投入量和专利申请数量与专利质量上。要加大专利创造的数量，必须加大研究开发投入，尤其是科技人员的研究开发投入。专利创造还表现在专利的质量尤其是专利发明创造性的大小，常用发明专利数量所占的比例表示。专利创造的效率主要体现在研究开发人员效率上，研究开发人员的收入水平、研究开发管理水平都会影响专利创造的效率。

② 专利申请战略　专利申请战略主要表现在将能申请专利保护的技术都申请专利，在相关技术领域大量布局专利等。专利申请战略不仅能够通过获取专利

形成技术垄断，而且有利于保护自己的研发成果，也能够阻止他人就同样的发明创造申请专利对自己产生不利影响。专利申请战略不一定是最优的战略，申请专利与否首先要对研究开发成果是否适于申请专利进行分析，分析其创造性和未来市场价值的大小，如果创造性大且市场价值大则应及时申请专利，如果创造性较小或者市场价值较小则有些可直接向社会公开。在申请专利时还要分析是否可以保留技术诀窍，如果去掉技术诀窍之后仍能够实现发明目的，达到发明效果，则应将技术诀窍作为技术秘密。

③ 专利运用战略　专利运用能力往往是科研院所最缺乏的能力。从科研院所的性质看，科研院所还应承担将研发成果转化为生产力的任务，科研院所必须高度重视专利运用战略。专利运用战略最重要的是要将专利转移到企业或者自己将专利实施。由自身性质决定，科研院所不能也不应成为企业的控制者和管理者，自行实施专利所创办的企业是衍生企业，在一定时间后也应转移到外部。除了机制和政策原因外，科研院所也要加大专利技术工程化和中试的投入力度，要加强工程（技术）研究中心、工程实验室、中试基地、试验工厂等工程化条件的建设，提高技术的成熟度、集成度和配套性，也要积极与种子基金、创新基金、风险投资企业建立紧密联系。

2.4.4 科研院所专利管理的目标

“从知识到知识产权再转变为生产力并不是自发实现的，而是通过对知识产权的管理来实现的。”知识产权管理的核心是提高和发展知识创造与创新能力，知识产权管理的目的是通过物质与精神财富的不断创造，促进科研院所竞争力和可持续发展能力的提升，从而为国家的创新建设和发展做出重要贡献。科研院所专利战略的要求就是在做好科研成果保护工作的前提下，充分利用专利促进科研创新，保障科研效率和创新效率的提升。

具体来讲，其管理目标为：

① 尽可能多地创造专利是科研院所科技工作的首要目标。充分激励广大科研人员积极主动地投入知识创新活动，创造更多自主专利，提升科研院所的竞争力与创新能力。

② 规范科研院所专利管理的过程，规范创造活动。专利是科研院所的生命，生产新知识新理论是科研院所的重要任务，把研发的专利保护好、利用好、管理

好对其持续研发意义重大。

③ 通过建立完善的规章制度，形成知识创新、保护智力成果和实施专利的良好的法律环境，以及合理的运行机制及完备的工作体系，更好地为国家自主创新能力建设服务。

目前，科研院所专利管理坚持全面结合和上引下拉的原则，围绕科研院所专利战略目标，向产业发展需求延伸，将专利管理全面融入科技项目构思、立项、实施、结题、成果应用的全过程中，谋取较高的实施许可收益和竞争优势。

2.4.5 科研院所知识产权及专利管理存在的问题

（1）知识产权管理与保护未能协调同步发展

知识产权的客体包括专利、著作、软件、技术秘密、商业秘密、商标等。一个成熟的知识产权管理模式应该是各种类别的知识产权能够互相配合，协调发展，最终形成完善的知识产权保护体系，最大效能地发挥知识产权的作用。然而，由于相关激励政策引导的侧重，以及专利、著作、软件等具有明确统一的确认程序和评价准则，使得目前大多数科研院所的知识产权管理都偏重于专利权和著作权的管理，而对于商业秘密、技术秘密、商标等知识产权的保护缺乏行之有效的管理，甚至缺乏相应的管理制度，导致科研院所的很多技术秘密被忽视或被不适当地公开为专利技术，在破坏了其应有的知识产权价值的同时给单位的核心利益造成一定的损失。

（2）现有的知识产权管理制度不健全

科研院所缺乏知识产权制度化的管理模式和经验，目前来看，很多科研院所没有为知识产权管理设置独立的制度机制，而对于知识产权的相关规定通常也只是隐藏在其他已有的制度当中。同时，科研院所往往缺乏专业的部门及人员。很多科研院所都没有设置专门的知识产权部门，相关事务大多由其他部代理执行，这就必然导致没有相应的专职人员来负责知识产权管理的相关事务。而最终的结果就是科研院所无法科学严谨地对知识产权实施专业的、系统的、全面的管理，其不良的影响就是科研院所的管理出现了低效、落后，甚至无效的情形，知识产权不能得到合理的利用和保护。

（3）缺乏专业管理人才

专利保护是一个系统性、专业性的工作。缺乏相应的专业管理人才，因为我国现阶段的专利管理从属于科技处，而科技处的工作内容繁重又复杂，往往忽略了专利的管理，造成了专利管理仅仅局限在成果管理工作的层面，难以实现整体与全过程的管理。而在实际工作过程中，比如专利保护需要了解专利申请、专利的审查和批准、授予专利权的条件、专利的保护期限以及专利保护工作等专业知识，专利申请需要进行实用性、新颖性和创新性审查，如果缺乏相关知识，可能会浪费大量人力物力，又得不到专利授权。因此，在专利保护工作方面，需要有专业人才对专利保护工作进行战略规划、指导，提高专利保护效率。

3 天科院专利管理现状

3.1 天科院发展现状分析

3.1.1 天科院的整体情况简介

交通运输部天津水运工程科学研究院成立于1974年，是交通运输部直属的正局级科研事业单位。1974年4月18日，由交通部批准，将天津港回淤研究站和交通部西南水利水运科学研究所合并，成立交通部天津水运工程科学研究所（简称“天科院”）。1982年7月5日，经天津市政府同意，成为驻津单位。2010年1月1日，经交通运输部批准，启用“交通运输部天津水运工程科学研究院”名称（简称“天科院”）。天科院坐落于天津市滨海新区核心区，拥有一个本部两个基地，总占地41万平方米，科研用房和实验室总建筑面积16万平方米。

天科院下设15个科研中心和4个科技企业，主要承担交通运输科技事业发展中具有基础性、战略性、前瞻性等共性的技术和重大工程建设关键技术的研究。拥有港口水工建筑技术国家工程实验室、国家水路绿色建设与灾害防治国际科技合作基地、国家水运工程检测设备计量站、中国-印尼港口建设与灾害防治联合研究中心4个国家级平台，拥有工程泥沙交通运输行业重点实验室、水工构造物检测诊断与加固技术交通行业重点实验室、水路交通环境保护技术实验室3个交通运输行业重点实验室，以及天津市水运工程测绘技术重点实验室，建有天津市交通运输行业环境监测中心站和博士后科研工作站。

3.1.2 天科院的科研设施及研究领域

天科院具有工程咨询、勘察、设计、监理、评价等十余项甲级资质，通过英国劳氏ISO 9001质量体系认证。建有世界上最大的450m长的大比尺波浪水槽、国内最大的500gt港口土工离心机和20余座物理模型试验大厅，以及技术先进的直流风洞实验室、360° 船舶操纵模拟器等一大批先进的科研设施。研究范围涵盖深远海工程、河口海岸工程、内河港航工程等多个领域，专业覆盖水动力及潮流泥沙、水工结构、环保生态、安全节能、计量检测、仿真与信息化、勘察测绘、岩土工程、风工程、造价定额、工程管理及环境监理等领域的科研实验、技术咨询等科技服务工作。

3.1.3 天科院的技术创新能力

（1）研发人员投入

天科院拥有特聘中国工程院院士1名，特聘外籍专家2名，国务院特殊津贴专家6名，正高级研究人员56人，博士119人，各类注册执业资格人员233人。

（2）知识产权成果产出

近五年来，天科院承担各类项目6000余项，其中国家及省部级科技计划项目130余项，国家重大工程研究项目400余项，韩国、马来西亚、印尼等20余个国家的海外工程研究120余项，与美国、德国、日本等20多个国家科研院所开展合作。获得国家科技进步奖4项，国家优质工程奖4项，省部级科技进步奖140余项。

3.2 天科院的产业环境分析

3.2.1 宏观产业政策环境

全球发展格局面临重大调整。在新一轮全球产业变革中，发展中国家正在加快谋划和布局，积极参与全球产业再分工，承接产业及资本转移，扩大、拓展国际市场空间，全球水工建设主市场也转移集中至发展中国家。前期发达国家凭借较为先进的技术标准迅速进入市场，建立了先动优势。但随着我国“一带一路”倡议的提出，中国后发优势显现，契合发展国家背景的先进成熟水工建设技术与经验，在“一带一路”沿线国家被逐步认可。在共商共建共享的机制下，中国方案打破了发达国家垄断市场的格局。格局调整、机遇涌现，要求我们发挥“国家队”职能，带动水工装备、技术、标准与服务全面“走出去”。

我国经济社会发展发生重大变化。我国的经济发展进入新常态，由高速增长阶段转向高质量发展阶段；我们的社会矛盾已发生转化，人民日益增长的美好向往与不平衡不充分的发展成为新的矛盾。宏观经济社会发展的变化，对交通运输行业转变发展方式、优化产业结构、转换增长动力将产生持续深远的影响，在质量变革、效率变革、动力变革方面有更多发展文章要做。推进质量变革，走转型升级的发展之路，要着力破除无效供给、培育新动能、降低实体经济成本。推进效率变革，走深度融合的发展之路，要着力促进全要素、多领域、高效益融合。推进动力变革，走创新驱动的发展之路，要着力加强科技创新、深化改革、国际合作。作为部属科研单位，要积极主动地适应经济社会新常态、社会主要矛盾转化带来的变化，牢牢把握新发展理念，及时调整发展方式和发展速度，提升发展质量和发展内涵，更加注重创新驱动，更加注重综合平衡。

建设交通强国任务艰巨而紧迫。党的十九大报告正式提出交通强国战略，交通运输部响应国家号召制定了“两步走”计划。虽然“两步走”计划跨越30余年，但相对于远大的战略目标、艰巨的奋斗任务，时间还是非常紧迫的。新中国成立以来，特别是改革开放以后，中国交通运输经历了从“瓶颈制约”到“初步缓解”，再到“基本适应”经济社会发展需求的奋斗历程，我国也已成为世界瞩目的交通大国。但要由大到强，我们交通基础设施还存在短板，综合交通枢纽建设滞后，网络布局需要进一步优化；交通运输一体化、多样化、个性化服务水平不高，运输服务供给质量还有较大提升空间；资金、土地、环境等要素制约问题突出，投融资等关键领域改革还需继续深化；交通运输与互联网、大数据、人工智能深度融合不够，信息开放共享问题依然突出；等等。交通运输行业要用30年解决以上诸多问题，时间紧任务重，因此所有交通运输行业的单位、机构都必须具有强烈的紧迫感、责任感，天科院作为部属单位，作为水运工程领域的“国家队”，要强化使命担当，发挥中流砥柱作用，主动在交通强国研究和建设中发挥独特优势和更大作用。

3.2.2 市场环境及需求分析

产业技术的设计研发供应者。天科院主要承担共性技术和重大工程建设关键技术的研究，处于水运工程产业链的研发设计端，处于整个产业价值链的前端。

并且天科院作为技术的供给方，技术的方向比较多元，已经覆盖了整个水运工程行业的各个环节。

① 在国家重大科研领域，牵头承担和参与“国际化绿色港口枢纽及多式联运关键支撑系统合作研发”“水运工程关键计量标准及溯源技术研究”等多项国家重点研发计划项目，在多个领域形成引领和突破。

② 在重大工程技术研发方面，依托国内重大工程，形成了内河高等级航道系统整治关键技术、深基槽泥沙精细化高精度预报技术、大型沉管浮运导航技术等一批重大创新技术，为长江黄金水道“645”工程、港珠澳大桥沉管隧道工程、南昌红谷隧道工程等重大工程提供了重要的技术支撑，有效地推动了行业发展和科技进步。

此外，天科院将科研支撑服务领域从较为单一的建设领域扩展到“建管养运”全过程。在提升发展方面，在远海岛礁及通道建设、港口航道安全保障、水路绿色生态建设、海洋工程防灾减灾等领域形成了一批关键技术。

行业竞争相对集中。在水运工程领域尽管企业非常多（据WIND企业数据库查询为5000余家），但具有一定实力和水平的国家级院所和企业相对来说比较集中，如天科院、南京水利科学研究院等一批国字号机构。从整体上讲，产业的发展前景比较广阔，同时产业的竞争相对集中，对于交通运输部天津水运工程科学研究院而言，处于产业发展的宽松期和黄金期。

3.3 天科院的发展定位

3.3.1 产业发展定位

在追求质量第一，效率优先的背景下，水运工程建设呈现出了新的方向、新的理念、新的标准。由国内市场拓展到国外的新方向在一定时期内将保持不变。伴随“一带一路”由中国倡议变成世界共识，水工市场也从国内拓展到国外，天科院开放包容的合作机制、成熟可复制的技术方案、高性价比的科研服务，将会在海外市场赢得更多认可。“建管养运”全生命周期的新理念将贯穿到水运工程建设全领域，由重建设转向关注全生命周期，是水运工程乃至更广泛行业领域内事物发展的一种趋势。新的理念与趋势需要进一步丰富专业结构，提高科研供给能力，建立完善的全链条服务体系。精准是水工建设的新标准。工作“贵在精准，重在精准”，精准也是高质量发展的必然要求。受限于早前科技能力限制，水工建设标准设定过于宽松，设计施工过程中造成了大量的资源浪费。作为水运工程科学研究院所，研究标准的设定，是重要的工作之一，特别是在“一带一路”建设过程中，精确可靠的标准是我们取得海外市场认可的技术保障。

天科院紧紧围绕建成综合性国际化水运交通国家科技创新机构的目标，充分发挥独特专业优势，谋划交通强国建设科技篇章，全力推进“强化国家队地位，提升国际化水平”两大战略，重点实施“科研领先，高端人才，产业壮大”三大工程，努力构建“协同创新核心平台、国际合作示范基地、技术政策综合智库、成果转化产业集群”四大战略布局，致力于为交通强国建设提供有力科技支撑。

3.3.2 重点技术领域定位

天科院结合自身在水运交通领域的定位及优势，拟在港口污水处理领域做重点研究和发展，主要涉及前期调研、工程设计、建设总承包、系统调试、后期运维全链条产业服务。近年来依托国家水路绿色建设与灾害防治国际科技合作基地、水路交通环境保护技术实验室先后承担了国家科技支撑计划、国家重点研发计划、交通运输部科技专项、国家自然科学基金、天津市自然科学基金等众多有影响力的研究项目，项目成果在天科院总承包的天津港、广州港、连云港、唐山曹妃甸港、丹东港、日照港、秦皇岛港等沿海港口污水处理工程中得到应用。

2015至今，为天津港、滨州港、汕头港、深圳港、芜湖港、池州港、铜陵港、九江港、安徽内河港、梧州内河港、江西内河港等众多港口编制了《船舶与港口污染防治专项行动实施方案（2015—2020年）》，为港口船舶污水高效处理及我国水运交通绿色发展提供了技术支撑。天科院以重点专利领域为基础，全面实施“传统专业+绿色”的转型发展。

3.4 天科院专利情报基础分析

3.4.1 专利工作整体概述

为了建立健全知识产权管理，形成完善的知识产权工作体系，交通运输部天津水运科学研究院加大专利试点工作投入，充分调动科技人员技术创新的积极性，积极培育具有自主知识产权的核心技术和关键技术，引导和鼓励有市场前景的研发成果及时申请专利，提高自主知识产权的数量和质量，通过试点专利申请将核心知识产权运用到实践中，通过专利信息分析，了解同类产品或技术的国内外发展态势、研发现状。

交通运输部天津水运工程科学研究院下设科技处，专门负责知识产权管理相关事宜。专门制定了企业研究开发的组织管理制度，建立了研发投入核算体系，先后承担并完成了过百项国家和行业重大科技计划项目，获得了各类科技奖项，已经具备高价值专利培育的基础。

截至2018年10月，根据智慧芽专利数据库检索结果，交通运输部天津水运工程科学研究院一共拥有专利505件。这在交通运输科研行业中占据一定的领先优势，表明天科院的专利管理工作从整体上而言取得了一定的成效，同时这些专利也构成了专利情报分析的基础。

3.4.2 专利时间分布

交通运输部天津水运工程科学研究院的专利申请工作从2010年开始启动，其中申请的第一件专利是柔性绿色生态河道护岸结构（CN102051867A）。与其他研究型院所相比，虽然起步较晚，但之后天科院的专利申请数量便呈现逐年快速增长的态势。

（1）专利申请数量变化趋势

图3.1为天科院专利申请数量变化趋势图。

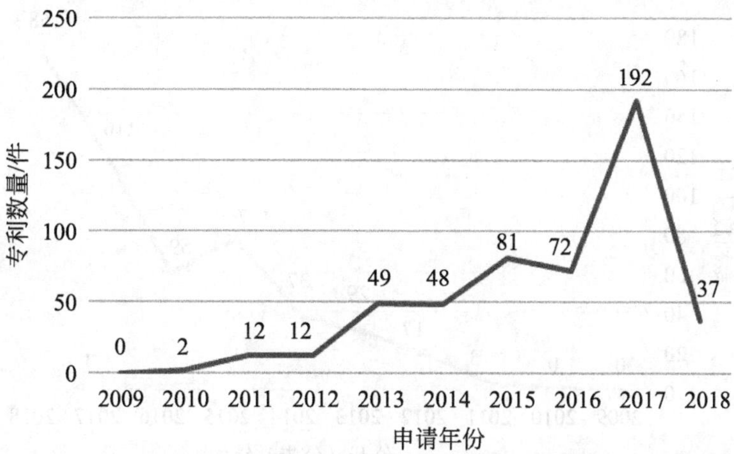

图3.1 交通运输部天津水运工程科学研究院专利申请数量变化趋势图

2010～2012年属于专利申请的起步和摸索阶段，专利申请数量从最初的2件增长到2012年的12件，为天科院以后的专利申请工作奠定了良好的基础。

2013～2016年属于专利申请的蓄力和成长阶段，2013年专利申请数量跃升到了49件，实现了较为大步的跨越，2015年专利申请数量为81件，达到了从2010年以来的一个小高峰。

2017年属于专利申请的集中爆发阶段，2017年天科院专利申请数量首次突破一百，直接上涨到192件，平均每个月专利申请数量为16件，相当于2012年专利申请总量的1.3倍，这标志着天科院的专利申请工作进入到了较为顶峰的状态。

值得注意的一点是，截止到2018年10月份，天科院2018年专利申请数量为37件，较2017年的192件有了较为明显的下降，需要进一步对申请数量下降的原因进行深入剖析，探寻问题症结所在，从而为下阶段的专利申请工作提供方向指引和思路借鉴。

（2）专利公开数量变化趋势

图3.2为天科院专利公开数量变化趋势图。

根据我国专利法规定，发明专利申请的审批程序分为受理、初审、公布、实质审查和授权五个阶段。当发明专利申请从发出初审合格通知书起进入公布阶段，如果申请人没有提出提前公开的请求，要等到申请日起满18个月才进入公开准备程序，因此专利的申请时间和公开时间之间会存在一个时间差。

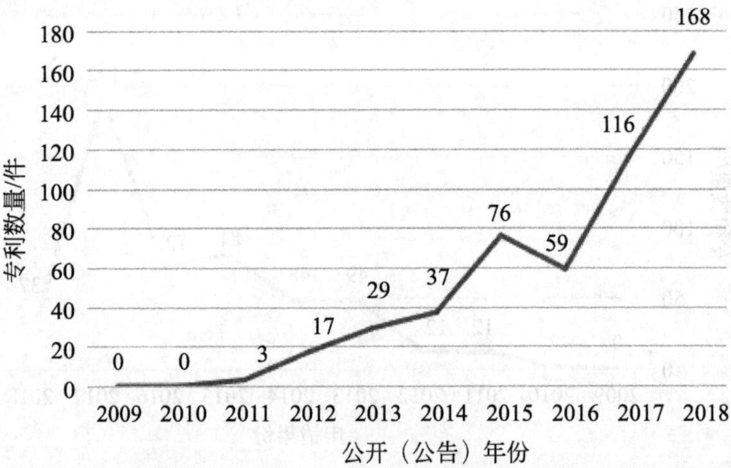

图3.2　交通运输部天津水运工程科学研究院专利公开数量变化趋势图

由图3.2可知，从2011年至2018年，除2016年天科院的专利公开数量略有下降外，其余年份都呈现逐年上升趋势，尤其是2017年和2018年，专利公开数量突破了一百件，得益于之前年份的申请数量累积，2018年专利公开数量达到168件。

3.4.3　专利类型分布

对天科院505件专利按照专利类型进行分类统计，得到的统计结果如图3.3所示。

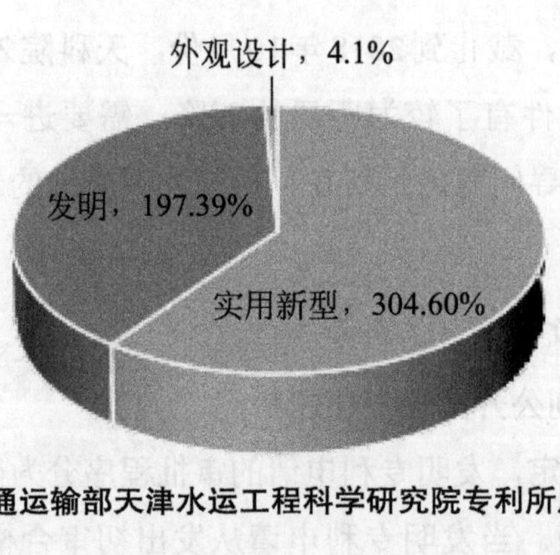

图3.3　交通运输部天津水运工程科学研究院专利所属类型分布

根据图3.3所示，天科院的505件专利中，发明专利数量为179件，占专利总数的39%；实用新型专利数量为304件，占专利总数的60%；而外观设计专利数量为4件，仅占专利总数的1%。由此可见，发明专利和实用新型专利构成了天科院的专利主体，这种专利类型分布结构与天科院从事的水运工程领域研究存在一定的关联性。

以专利申请年份为纵坐标，以专利主分类号为横坐标，绘制专利重点领域图。从整体上看，天科院涉及的领域相对比较分散，465件专利涉及174个主分类号，涉及1件专利的主分类号105个，占主分类号总量的60%，涉及2～4件专利的主分类号54个，占主分类号总量的31%，涉及5件及5件以上专利的主分类号15个，占主分类号总量的9%。随后对涉及5件及5件以上专利的主分类号进行提取，生成了图3.4。

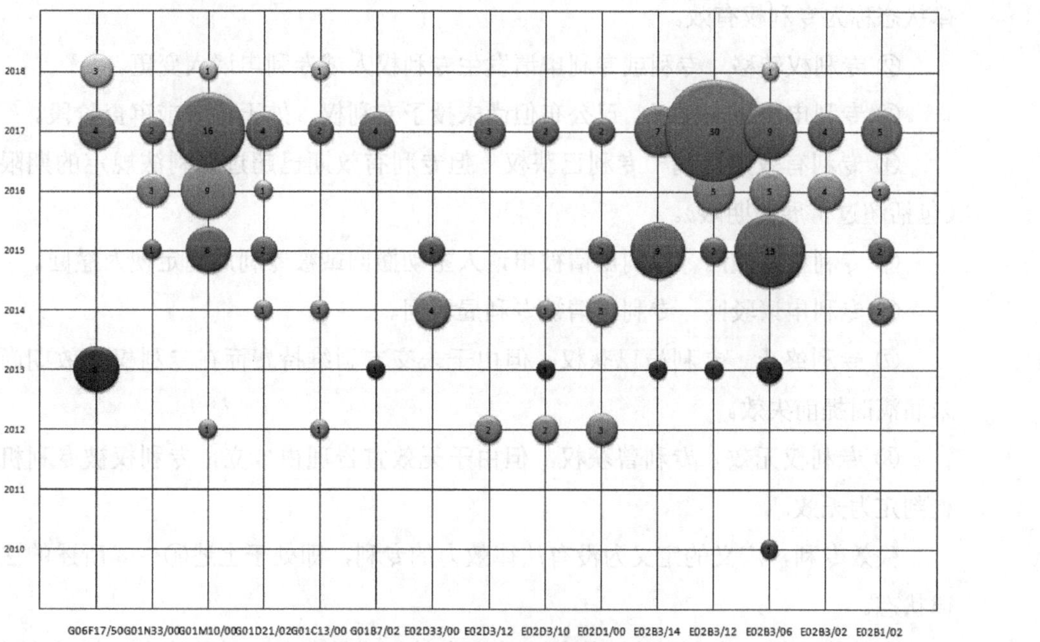

图3.4 天科院当前重点研究领域图

从图3.4中可以看出，G01M10/00（流体动力学试验；船只试验池或水道内及上面的装置）、E02B3/12（河岸、水坝、水道或其他类似工程的护砌）两大领域为增速较为迅速的领域。G01D21/02（用不包括在其他单个小类中的装置来测量两个或多个变量）、G01C13/00（专门用于露天水源勘测，例如海洋、湖泊、江河或运河）、E02D3/10（用于洒水、排水、抽气或爆破）、E02D1/00（现场基础的土壤勘测）、E02B1/02（水工模型）为专利统计期内相对稳定的专利申请领域，但整体专利的申请量不是很大。E02B3/14（与溪流、河道、海岸或其他海域控制利用有关的工程预制砌块及其砌置）、E02B3/06（突堤、岸墩、堤岸、岸壁、丁坝、防波堤）两个领域的专利申请量相对较大，并保持一定的稳定性。

3.4.4 专利法律状态分布

专利的法律状态是指专利或专利申请当前所处的状态，通过专利法律状态可以了解专利申请是否授权，授权专利是否有效，专利权人是否变更，以及其他与专利法律状态相关的信息。通常来讲，专利法律状态检索获得的信息包括以下几点：

① 专利权有效　专利已获权，并且已交当年维持费的专利是有效的，该法律状态称为专利权有效。

② 专利权转移　专利或专利申请发生专利权人或专利申请人变更。

③ 专利申请尚未授权　已公布但尚未授予专利权，处于公布或审查阶段。

④ 专利有效期届满　专利已获权，但专利有效期已超过专利法规定的期限（包括超过扩展的期限）。

⑤ 专利申请撤回　专利申请被申请人主动撤回或被专利局判定视为撤回。

⑥ 专利申请驳回　专利申请被专利局驳回。

⑦ 专利终止　专利虽已获权，但由于未交专利维持费而在专利权有效期尚未届满时提前失效。

⑧ 专利权无效　专利曾获权，但由于无效宣告理由成立，专利权被专利机构判定为无效。

失效专利，广义的定义为没有法律效力的专利，即处于上述④～⑧所述的法律状态。

为简化分析，将专利的法律状态分为有效、无效和审中三种状态，并以此对天科院的专利状态进行简要分析。

从图3.5可知，在天科院目前所拥有的505件专利中，有效专利件数为307件，占专利总数的61%；在审中的专利件数为90件，占专利总数的18%；无效专利件数为108件，占专利总数的21%。由此可见，无效的专利数量已经占到专利总数的五分之一，经过分析，是由以下四种原因所导致：一是专利过了保护年限；二是在专利保护期内被宣告无效；三是专利权人未缴纳专利维持费或主动放弃专利权，导致专利失去保护；四是专利经审查，未获得授权。

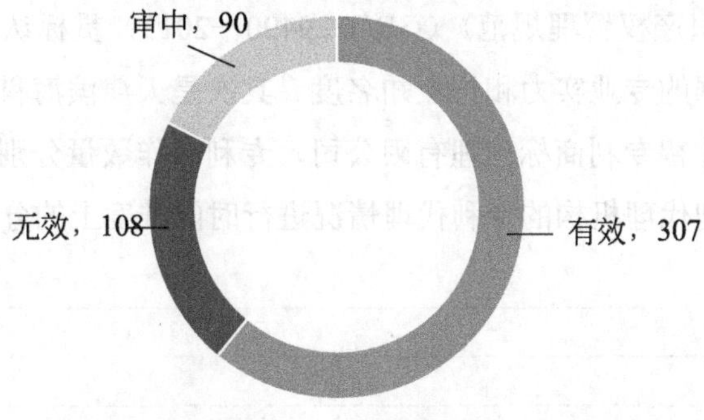

图3.5 交通运输部天津水运工程科学研究院专利的法律状态分布

3.4.5 专利代理院所分布

专利代理机构的人员经过系统全面的知识产权法律法规和实务方面的专门培训，对于知识产权申办流程比较熟悉，且对于采用何种方式保护科研院所的知识产权更能清晰、准确地把握。因此，一般而言他们在开展专利工作时更加专业高效，授权率也更高。为进一步了解天科院目前的专利代理机构分布现状，对与之合作的代理机构进行简要的分析。

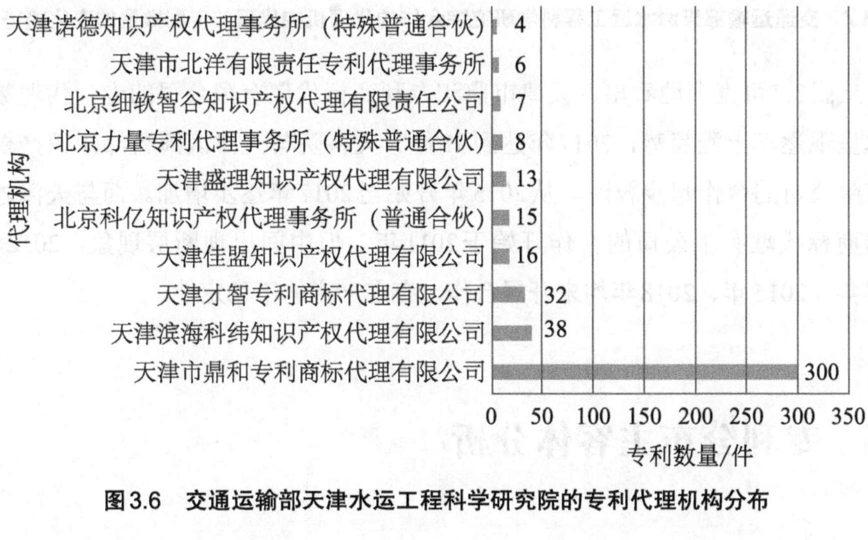

图3.6 交通运输部天津水运工程科学研究院的专利代理机构分布

由图3.6可知，天科院合作的专利代理机构分布比较集中，目前合作最多的代理机构是天津市鼎和专利商标代理有限公司，专利数量高达300件。该公司是经国家知识产权局和国家商标总局核准的综合知识产权代理机构，也是天津第一批获得《企业知识产权管理规范》（GB/T 29490—2013）贯标认证辅导资质的服务机构，具有较强的专业实力和行业知名度。其次是天津滨海科纬知识产权代理有限公司和天津才智专利商标代理有限公司，专利合作数量分别为38件和32件。下面对这三家专利代理机构的专利代理情况进行时间维度上的分析。

图3.7　交通运输部天津水运工程科学研究院合作的代理机构代理的专利数量的变化趋势图

从图3.7可直观地看出，天津市鼎和专利商标代理有限公司的专利代理数量基本呈现逐年上涨趋势，2017年达到93件。天科院与天津滨海科纬知识产权代理有限公司的合作起步较晚，从2015年开始至2017年逐步增加。而与天津才智专利商标代理有限公司的合作开始于2011年，但中间出现断层现象，2012年、2014年、2015年、2018年均未开展合作，存在一定的不稳定性。

3.5　专利分布主客体分析

在3.4节已经对交通运输部天津水运工程科学研究院的专利工作以及专利的时间、类型、法律状态、代理机构分布等基础性信息进行了较为详细的分析，为进一步探索深挖天科院专利管理工作开展的现状及存在的问题，为未来知识产权的运营保护工作提供改进思路，接下来从专利的主体和客体两个维度出发，对天科院的专利申请人、发明人以及技术分类展开更为深入详尽的分析。

3.5.1 专利申请人分析

专利申请人是指向专利局提出就某一发明或设计取得专利请求的当事人，申请人可以为单位也可以为自然人。其拥有的权利包括：独占权（独占实施本专利）、许可权（许可他人实施本专利）、转让权（专利申请权和专利权可以转让）。

天科院在近些年的发展过程中，始终注重坚持产学研融合发展的导向，积极探索建立院院之间、院校之间和院企之间的协同创新机制，与国内外多个研究院所、高校以及行业内的知名企业建立了紧密的合作关系，同时在专利申请方面也展开了广泛的合作。

因涉及专利申请合作单位较多且构成结构复杂，故选取排名前十的单位进行有代表性的样本分析。

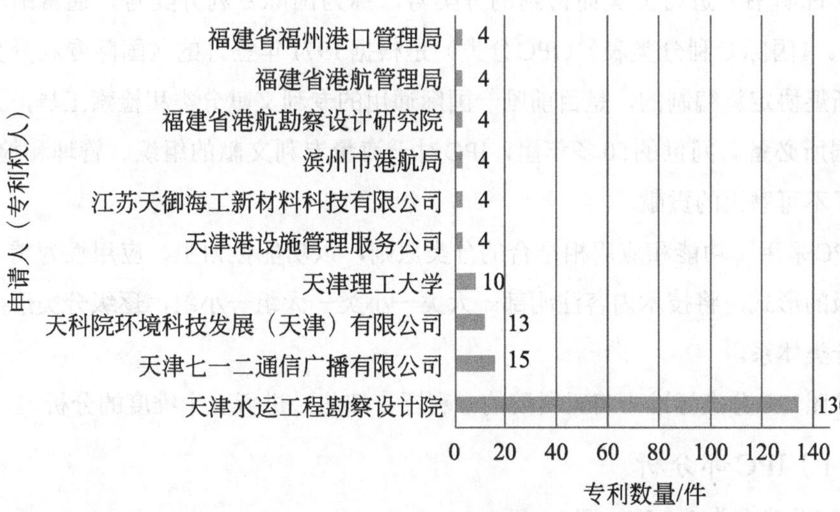

图3.8 交通运输部天津水运工程科学研究院主要专利申请人排名

根据图3.8可知，在与天科院合作申请专利的前十个单位的类型主要囊括公司、研究院（或高校）、港航系统行政单位三种类型。

在与公司合作方面，专利申请主体主要包括两家天科院下属公司，即天津水运工程勘察设计院（130件）、天科院环境科技发展（天津）有限公司（13件）

以及三家外部公司，即天津七一二通信广播有限公司（15件）、天津港设施管理服务公司（4件）、江苏天御海工新材料科技有限公司（4件）。综上，天科院与公司合作申请专利共计166件，在整个天科院的专利中占据了较大比重。

在与其他研究院及高校合作方面，专利申请主体主要包括福建省港航勘察设计研究院（4件）和天津理工大学（10件）。通过对专利申请人进行统计发现，天科院还与天津大学、中国矿业大学、天津科技大学以及浙江省交通规划设计研究院等机构进行过合作。

在与港航系统行政单位合作方面，专利申请人主要包括滨州市港航局（4件）、福建省港航管理局（4件）、福建省福州港口管理局（4件）三家港航系统行政单位。

3.5.2 专利的分类分析

国际专利分类法是国际上通用的专利文献分类法。用国际专利分类法对专利文献（说明书）进行分类而得到的分类号，称为国际专利分类号，通常缩写为IPC号。《国际专利分类表》（IPC分类）是根据1971年签订的《国际专利分类斯特拉斯堡协定》编制的，是目前唯一国际通用的专利文献分类和检索工具，为世界各国所必备。问世的50多年里，IPC对于海量专利文献的组织、管理和检索，做出了不可磨灭的贡献。

IPC采用了功能和应用相结合的分类原则，以功能性为主、应用性为辅。采用等级的形式，将技术内容注明部—大类—小类—大组—小组，逐级分类形成完整的分类体系。

按照IPC分类标准，将天科院的专利逐步细化，进行五个维度的分析。

（1）IPC部分析

IPC分类分为8个部，即：

A——人类生活需要（农、轻、医）；

B——作业、运输；

C——化学、冶金；

D——纺织、造纸；

E——固定建筑物；

F——机械工程、照明、加热、武器、爆破；

G——物理；

H——电学。

对天科院505件专利进行IPC部一级维度的统计，可以得到如图3.9所示的结果。

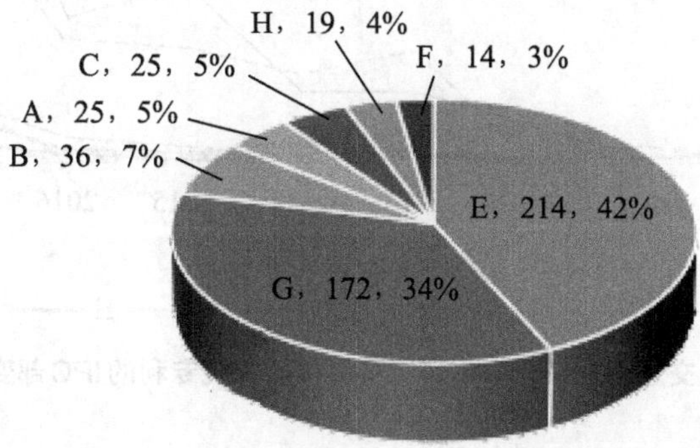

图3.9 交通运输部天津水运工程科学研究院专利的IPC部组成

由图3.9可知，在天科院505件专利构成中，排名第一的是E部（固定建筑物），件数为214件，占比42%；排在第二位的是G部（物理），件数为172件，占比34%；排在后续的依次是：B部（作业、运输）36件，占比7%；A部［人类生活需要（农、轻、医）］25件，占比5%；C部（化学、冶金）25件，占比5%；H部（电学）19件，占比4%；F部（机械工程、照明、加热、武器、爆破）14件，占比3%。

由此可见，在部一级层面，天科院的专利除了D部（纺织、造纸）没有涉及之外，其余的部均有覆盖。且固定建筑物和物理两个部占据了专利构成的绝大部分，这也和天科院从事的水运工程领域工作有很强的关联性。

从图3.10可以直观地看出，E部（固定建筑物）和G部（物理）的变化趋势基本一致，2010～2017年基本都呈现上升趋势，在2017年达到最高，然后在2018年开始回落。其中E部（固定建筑物）的两个高峰分别出现在2015年和2017年，而G部（物理）的两个高峰分别出现在2013年和2017年。

（2）IPC大类分析

因为专利的IPC大类较多，所以选取天科院505件专利中排名前十的大类进行统计分析。

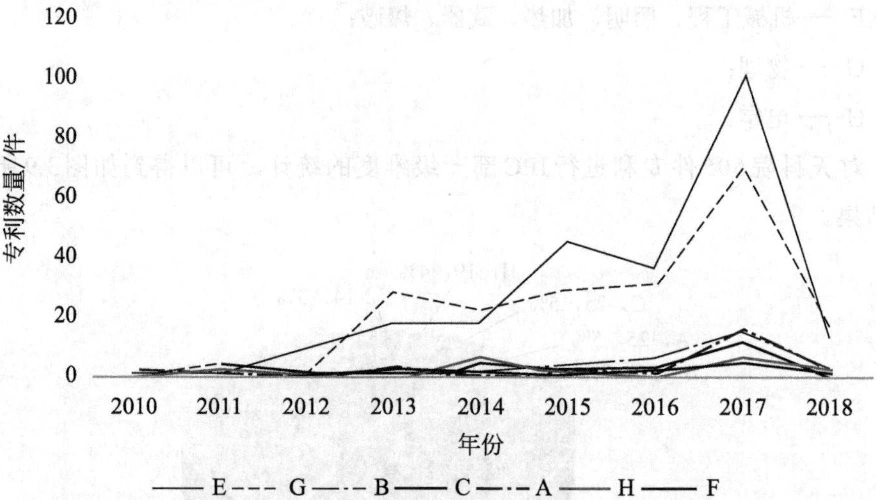

图3.10　交通运输部天津水运工程科学研究院专利的IPC部变化趋势

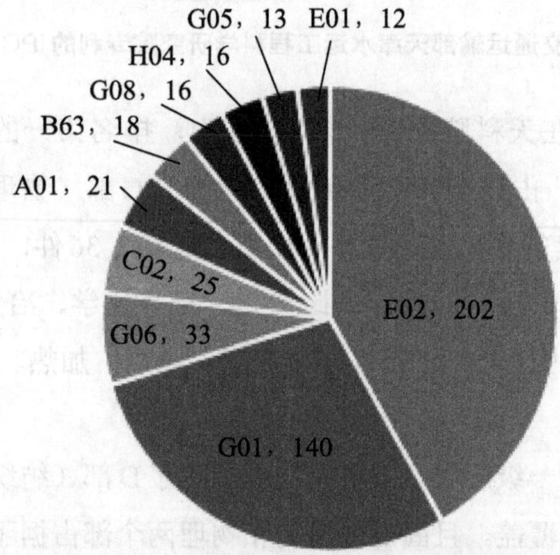

图3.11　交通运输部天津水运工程科学研究院专利的IPC大类组成

根据图3.11可知，在IPC大类层面，天科院专利构成中排名前十的分别是：第一名是E02（水利工程、基础、疏浚），专利数量为202件，占专利总数的40.0%；第二名是G01（测量、测试），专利数量为149件，占专利总数的29.5%；第三名是G06（计算、推算、计数），专利数量为33件，占专利总数的6.5%；第四名是C02（水、废水、污水或污泥的处理），专利数量为25件，占专利总数的4.9%；第五名是A01（农业、林业、畜牧业、狩猎、诱捕、捕鱼），专利数量为21件，占专利总数的4.1%；第六名是B63（船舶或其他水上船只；与船有关的设备)，专利数量为18件，占专利总数的3.6%；第七名是G08（信号装置），专利数量为16件，占专利总数的3.2%；第八名是H04（电通信技术），专利数量为16件，占专利总数的3.2%；第九名是G05（控制、调节），专利数量为13件，占专利总数的2.6%；第十名是E01（道路、铁路或桥梁的建筑），专利数量为12件，占专利总数的2.4%。

进一步选取排名前五的IPC大类，进行时间维度上的分析。从图3.12可以得出，E02（水利工程、基础、疏浚）和G01（测量、测试）两个大类基本都呈现逐年上升的趋势，且较为集中在2015年、2016年和2017年三个年份，在2017年均达到最高点。G06（计算、推算、计数）在2010～2012年均没有申请情况，2013年达到了10件的水平，2015年和2016年只维持着1件的数量，在2017年达到最高（12件）。C02（水、废水、污水或污泥的处理）和A01（农业、林业、畜牧业、狩猎、诱捕、捕鱼）除了都是在2017年达到峰值外，其余年份并不存在明显的分布规律。

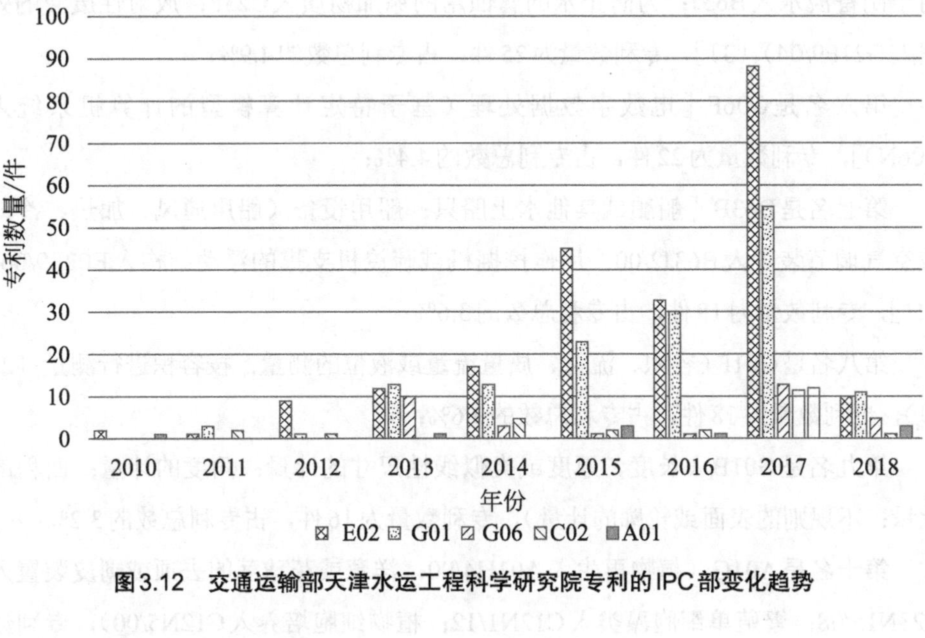

图3.12 交通运输部天津水运工程科学研究院专利的IPC部变化趋势

（3）IPC小类分析

IPC小类是比IPC大类更细化的一层分类，因而涉及的数量更多。同样是选取排名前十的IPC小类进行统计分析。

首先从绝对数量上来看，根据图3.13，在IPC小类层面，天科院专利构成中排名前十的分别是：

第一名是E02B［水利工程（提升船舶入E02C；疏浚入E02F）］，专利数量为158件，占专利总数的31.3%；

第二名是E02D［基础、挖方、填方（专用于水利工程的入E02B）、地下或水下结构物〔6〕］，专利数量为51件，占专利总数的10.1%；

第三名是G01M（机器或结构部件的静或动平衡的测试；其他类目中不包括的结构部件或设备的测试），专利数量为42件，占专利总数的8.3%；

第四名是G01N（除免疫测定法以外包括酶或微生物的测量或试验入C12M、C12Q），专利数量为38件，占专利总数的7.5%；

第五名是C02F［水、废水、污水或污泥的处理（通过在物质中产生化学变化使有害的化学物质无害或降低危害的方法入A62D3/00；分离、沉淀箱或过滤设备入B01D；有关处理水、废水或污水生产装置的水运容器的特殊设备，例如用于制备淡水入B63J；为防止水的腐蚀用的添加物质入C23F；放射性废液的处理入G21F9/04）〔3〕］，专利数量为25件，占专利总数的4.9%；

第六名是G06F［电数字数据处理（基于特定计算模型的计算机系统入G06N）］，专利数量为22件，占专利总数的4.4%；

第七名是B63B［船舶或其他水上船只；船用设备（船用通风、加热、冷却或空气调节装置入B63J2/00；用作挖掘机或疏浚机支撑的浮动结构入E02F9/06）〔2〕］，专利数量为18件，占专利总数的3.6%；

第八名是G01F（容积、流量、质量流量或液位的测量；按容积进行测量〔2，5〕），专利数量为18件，占专利总数的3.6%；

第九名是G01B（长度、厚度或类似线性尺寸的计量；角度的计量；面积的计量；不规则的表面或轮廓的计量），专利数量为16件，占专利总数的3.2%；

第十名是A01G（植物再生入A01H4/00；洋葱或花球茎的去顶或剥皮装置入A23N15/08；繁殖单细胞藻类入C12N1/12；植物细胞培养入C12N5/00），专利数量为15件，占专利总数的3.0%。

由图3.13可以发现，在IPC小类构成中，G部（物理）出现频次最高，在10位中占了5位。

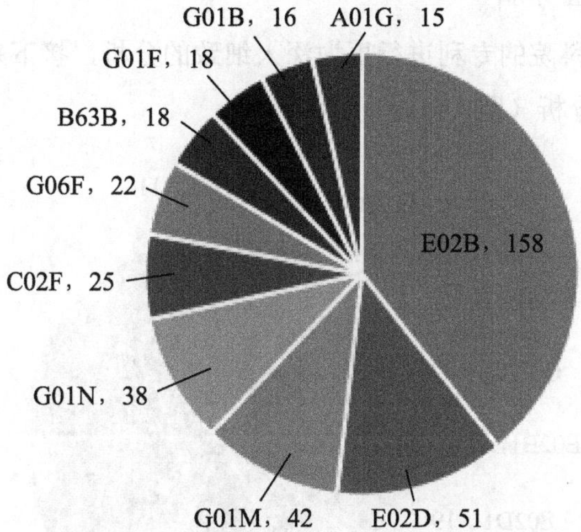

图3.13 交通运输部天津水运工程科学研究院专利的IPC小类组成

同样地，选取在IPC小类中排名前五的小类展开时间维度的分析。从图3.14可得出，E02B［水利工程（提升船舶入E02C；疏浚入E02F）］的变化幅度最大，由2014年的6件上升到2015年的34件，实现了五倍之多的跨越，2017年达到71件的最高数量。其余的四个IPC小类E02D、G01M、G01N、C02F未呈现出明显的时间变化趋势。

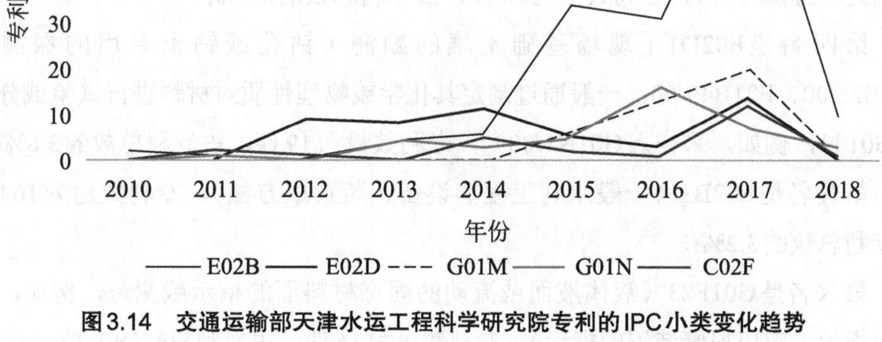

图3.14 交通运输部天津水运工程科学研究院专利的IPC小类变化趋势

（4）IPC大组分析

为进一步对天科院的专利进行更为深入细致的分析，接下来对505件专利进行IPC大组层面的分析（图3.15）。

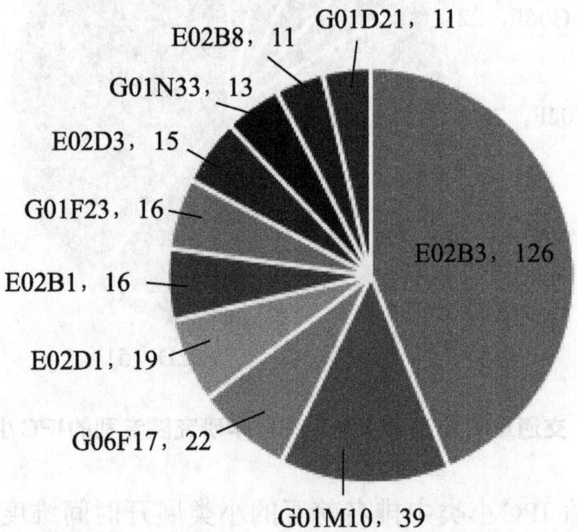

图3.15　交通运输部天津水运工程科学研究院专利的IPC大组构成

在IPC大组层面，天科院专利构成中排名前十的分别是：

第一名是E02B3［与溪流、河道、海岸或其他海域的控制与利用有关的工程（拦河坝或堰入E02B7/00）；一般水工结构物的接缝或密封］，专利数量为126件，占专利总数的24.9%；

第二名是G01M10（流体动力学试验；船只试验池或水道内及上面的装置），专利数量为39件，占专利总数的7.7%；

第三名是G06F17（特别适用于特定功能的数字计算设备或数据处理设备或数据处理方法〔6〕），专利数量为22件，占专利总数的4.4%；

第四名是E02D1［现场基础土壤的勘测（钻孔或钻土专用的探测入E21B25/00、E21B49/00；一般通过测定其化学或物理性质对材料进行试验或分析入G01 N，例如，采样入G01N1/00）］，专利数量为19件，占专利总数的3.8%；

第五名是E02B1（一般水利工程的设备、装置或方法），专利数量为16件，占专利总数的3.2%；

第六名是G01F23（液体液面或流动的固态材料面的指示或测量，例如，用容积指示，应用报警装置的指示），专利数量为16件，占专利总数的3.2%；

第七名是E02D3［土壤或岩石的改良或保护，例如，永冻土的保护（边坡或斜坡的稳定入E02D17/20；拦截地下水流入E02D19/12；农业用的土壤改良入A01；筑路或其他类似用途的土壤稳定入E01C21/00、E01C23/10；岩石锚杆入E21D）］，专利数量为15件，占专利总数的3.0%；

第八名是G01N33（利用不包括在G01N1/00～G01N31/00组中的特殊方法来研究或分析材料），专利数量为13件，占专利总数的2.6%；

第九名是E02B8［拦河坝或堰的结构细部（露天水面的清理或保持露天水面清洁入E02B15/00）］，专利数量为11件，占到专利总数的2.2%；

第十名是G01D21（未列入其他类目的测量或测试），专利数量为11件，占专利总数的2.2%。

同样地，选取在IPC大组中排名前五的大组展开时间维度的分析。根据3.16可知，E02B3［与溪流、河道、海岸或其他海域的控制与利用有关的工程（拦河坝或堰入E02B7/00）；一般水工结构物的接缝或密封］和G01M10（流体动力学试验；船只试验池或水道内及上面的装置）的专利主要集中在2015年、2016年和2017年，E02B1（一般水利工程的设备、装置或方法）的专利2017年达到10件。

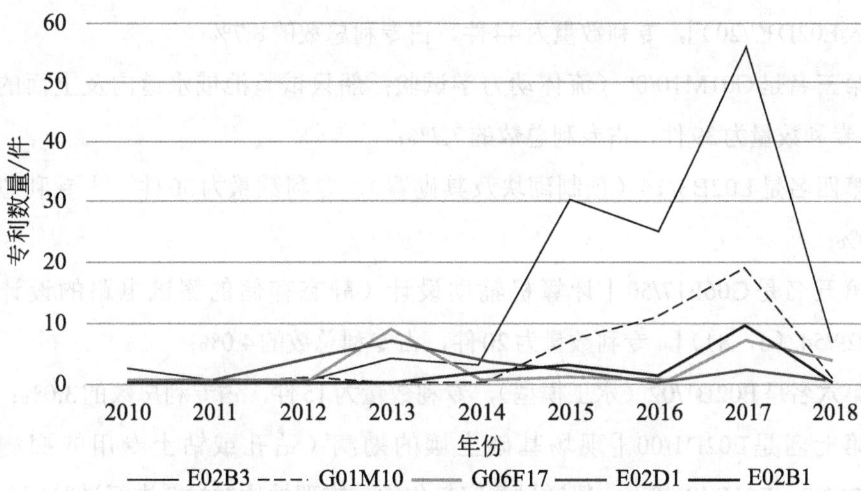

图3.16 交通运输部天津水运工程科学研究院专利的IPC大组变化趋势

（5）IPC小组分析

小组是IPC分类体系中最小的一个层级，通过这个层级对一个单位的专利情报进行分析最为精准（图3.17）。

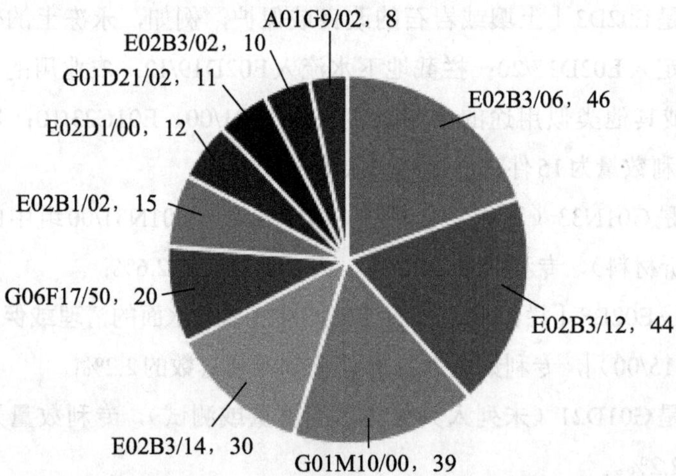

图3.17　交通运输部天津水运工程科学研究院专利的IPC小组构成

在IPC小类层面，天科院专利构成中排名前十的分别是：

第一名是E02B3/06（突堤、岸墩、堤岸、岸壁、丁坝、防波堤、一般水工结构物的接缝或密封），专利数量为46件，占专利总数的9.1%；

第二名是E02B3/12［河岸、水坝、水道或其他类似工程的护砌（一般斜坡护砌入E02D17/20）］，专利数量为44件，占专利总数的8.7%；

第三名是G01M10/00（流体动力学试验；船只试验池或水道内及上面的装置），专利数量为39件，占专利总数的7.7%；

第四名是E02B3/14（预制砌块及其砌置），专利数量为30件，占专利总数的5.9%；

第五名是G06F17/50［计算机辅助设计（静态存储的测试电路的设计入G11C29/54〔6，8〕）］，专利数量为20件，占专利总数的4.0%；

第六名是E02B1/02（水工模型），专利数量为15件，占专利总数的3.0%；

第七名是E02D1/00［现场基础土壤的勘测（钻孔或钻土专用的探测入E21B25/00、E21B49/00；一般通过测定其化学或物理性质对材料进行试验或分析入G01 N，例如，采样入G01 N 1/00）］，专利数量为12件，占专利总数的2.4%；

第八名是G01D21/02（用不包括在其他单个小类中的装置来测量两个或更多个变量），专利数量为11件，占专利总数的2.2%；

第九名是E02B3/02［河川的整治，例如，水下岩石的破除，河床的清理、导流（疏浚或刮除设备入E02F）〔1，2006.01〕]，专利数量为10件，占专利总数的2.0%；

第十名是A01G9/02［容器，例如花盆或花箱（悬挂花篮、装花盆用的容器入A47G7/00]；栽培花卉用的玻璃器皿〔1,2006.01,2018.01〕)，专利数量为8件，占专利总数的1.6%。

同样地，选取在IPC小组中排名前五的小组展开时间维度的分析。

根据图3.18可知，E02B3/06（突堤、岸墩、堤岸、岸壁、丁坝、防波堤、一般水工结构物的接缝或密封）、E02B3/12［河岸、水坝、水道或其他类似工程的护砌（一般斜坡护砌入E02D17/20)]、G01M10/00（流体动力学试验；船只试验池或水道内及上面的装置）和E02B3/14（预制砌块及其砌置）的专利均比较集中地分布在2015年、2016年和2017年。而G06F17/50［计算机辅助设计（静态存储的测试电路的设计入G11C29/54）〔6，8〕] 在2013年就达到了自身领域内的一个小高峰，专利布局为9件。

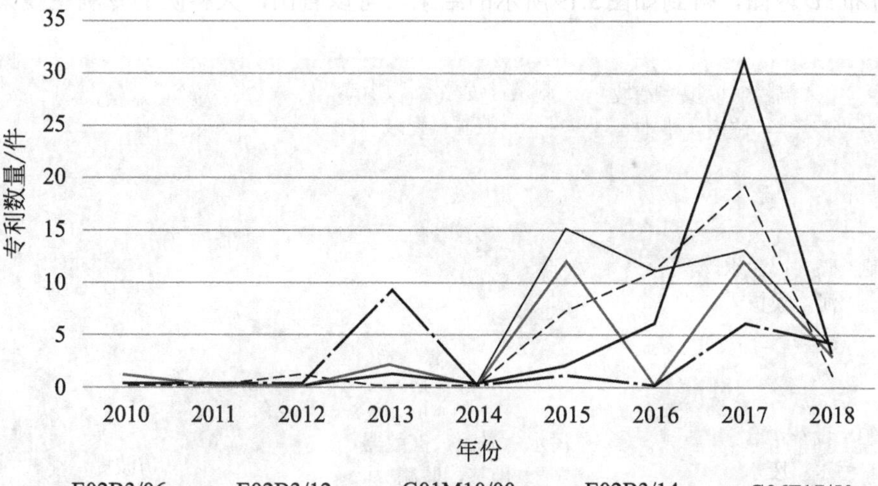

图3.18 交通运输部天津水运工程科学研究院专利的IPC小类变化趋势

3.5.3 专利的3D地图分析

专利地图是指将各种与专利相关的资料信息，以统计分析方法，加以缜密及精细剖析整理制成各种可分析解读的图表信息，使其具有类似地图的指向功能。

简单而言，将纷繁复杂的专利信息简单化、形象化，这就是专利地图。专利地图作为一种搜集、整理和利用专利信息的工具，可以为国家、地区、行业、机构等不同层面提供信息支撑，服务于我国目前正在实施的知识产权战略。

专利地图可以为科研院所指明技术发展方向，总结并分析技术分布态势，特别可以用于对竞争对手的专利技术分布情况进行监视，使科研院所做到知己知彼。科研院所不仅可以将专利地图用于进行知识产权管理，而且还能应用于营销管理与技术创新管理。具体而言，专利地图在专利信息利用中起到了承上启下的重要作用，承上是指将检索到的专利信息，经过整理、加工、综合和归纳，以数据的形式归入一张图表中，可供定量分析和定性分析之用；启下是指通过对专利地图进行对比、分析和研究，可作出预计和判断，从而得到可以利用的技术水平、动态、发展趋势等情报，为科研院所指定经营战略、专利战略、选定开发目标等服务。

首先对天科院的专利从涉及领域方面出发，进行整体性的归纳统计，绘制专利分布3D地图，得到如图3.19所示的结果。可以看出，天科院的专利主要集中

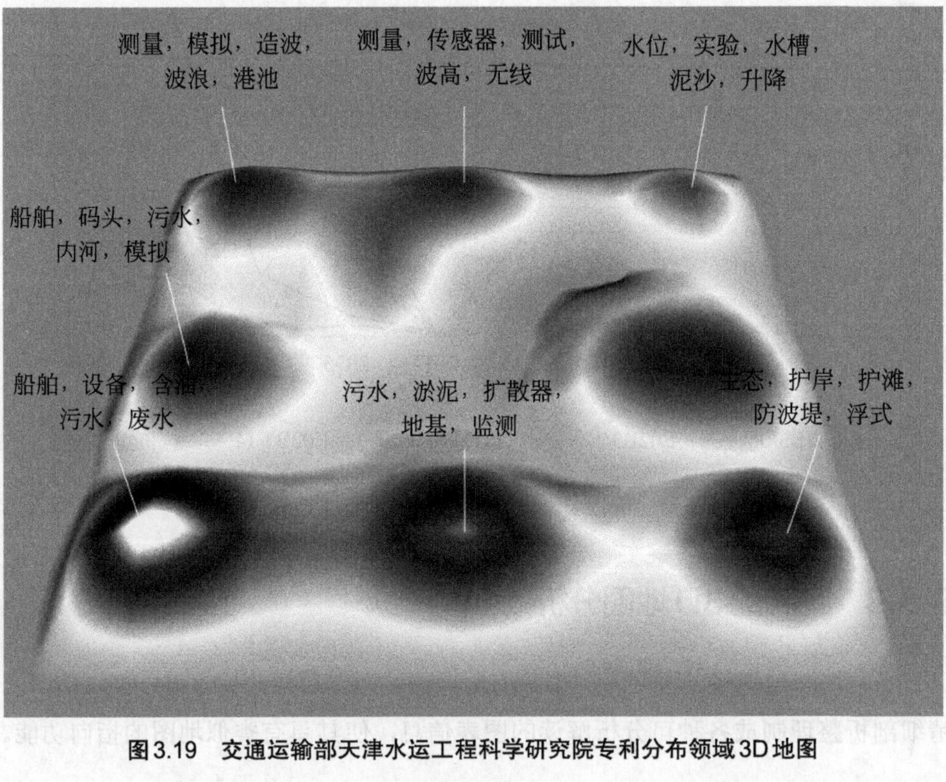

图3.19　交通运输部天津水运工程科学研究院专利分布领域3D地图

在七个领域，这七个领域的关键词分别是：一是测量、模拟、造波、波浪及港池；二是测量、传感器、测试、波高、无线；三是水位、实验、水槽、泥沙、升降；四是船舶、码头、污水、内河、模拟；五是船舶、设备、含油、污水、废水；六是污水、淤泥、扩散器、地基、监测；七是生态、护岸、护滩、防波堤、浮式。

接下来从时间维度出发绘制专利分布3D地图，得到图3.20。由专利地图可知，船舶、设备、含油、污水、废水领域和生态、护岸、护滩、防波堤、浮式领域分布的专利较多，且较为集中在2018年和2017年两个年份，其余五个领域的专利比较均匀地分布在4个年份。除此之外，在各个领域也存在一定的交叉分布情况。

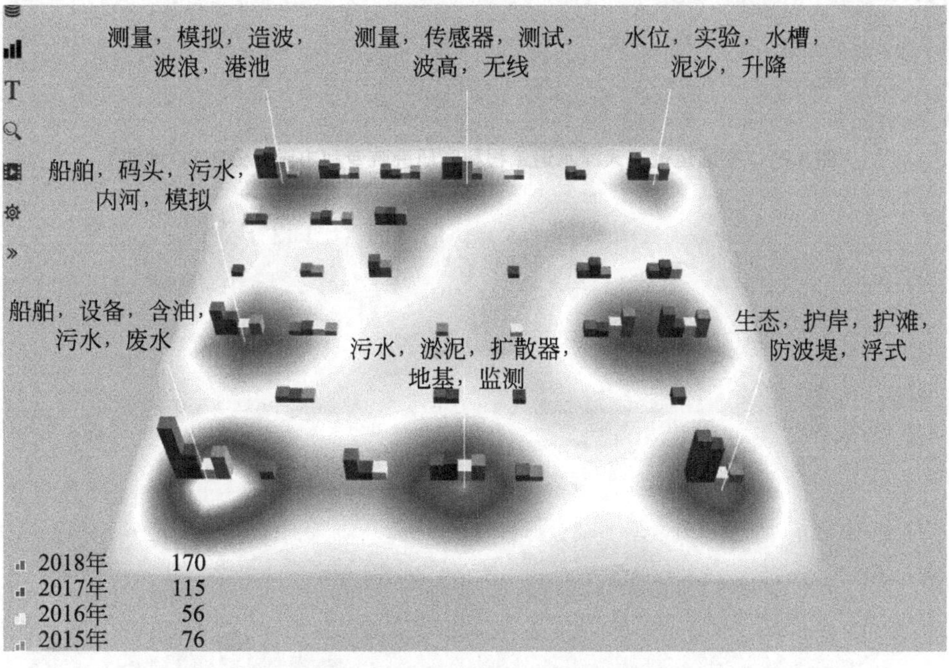

图3.20　交通运输部天津水运工程科学研究院专利分布时间3D地图

最后从申请人维度绘制天科院专利分布3D地图，结果如图3.21所示，排名前8位的专利拥有人基本上都有四个及以上领域的专利布局，可以看出这些专利拥有人不仅在一个专业领域有所建树，而且还积极探索交叉融合领域的专利技术。

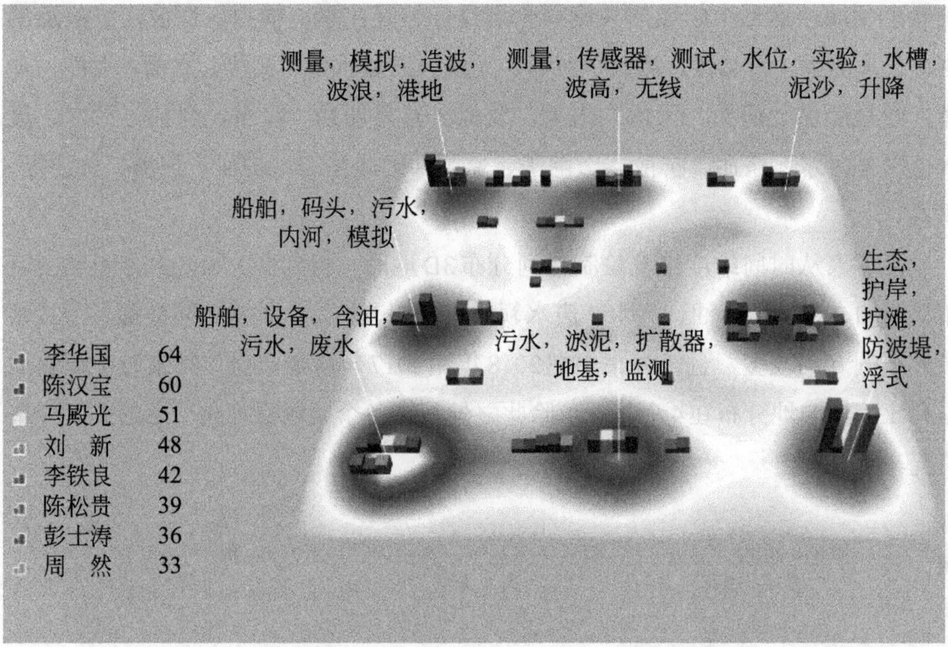

图3.21　交通运输部天津水运工程科学研究院专利申请人分布3D地图

4　天科院专利管理存在的问题

4.1 专利相关数据层面存在的问题

在专利情报的基础性分析和专利分布主客体分析的基础之上，深度挖掘天科院在专利管理工作中存在的问题以及需要改进提升之处，总结如下。

4.1.1 失效专利数量过多

从专利的法律状态分布可以得知，在天科院所有专利构成中，无效专利数量为108件，已经占专利总数的21%，超过总数五分之一的专利无效的确值得引起重视。溯源引起专利失效的原因，得到如图4.1所示的统计结果：其中由于未缴年费导致专利失效的数量为62件，占比57%；撤回导致专利失效的数量为33件，占比31%；避重授权导致专利失效的数量为9件，占比8%；而由于驳回导致专利失效的数量为4件，占比4%。

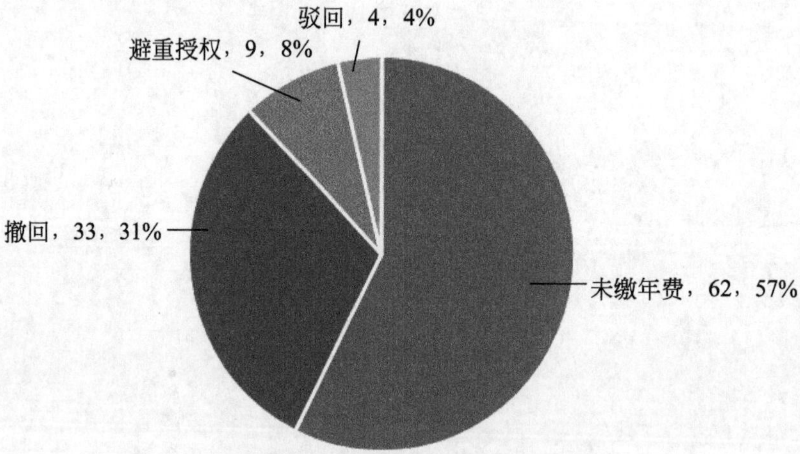

图4.1　交通运输部天津水运工程科学研究院失效专利分布

对于导致专利失效的四种原因展开进一步分析：

① 由以上分析可知，由于未缴年费导致专利失效的数量占了一半以上的比重，而此类问题发生主要是由于专利拥有人的主观原因导致，专利拥有人由于忘

记在规定时间内缴纳专利年费或主动放弃专利，致使专利失效。

②视为撤回意思是申请人放弃了专利申请，原因可能是没有缴纳费用，超过了期限，主动放弃，等等。具体原因如下：

一是在初审阶段造成专利申请被视为撤回的原因主要包括：没有按期缴纳专利申请费和印刷费；没有按期答复审查员的补正通知书；没有按期缴纳第一次（即第三年度）维持费和滞纳金；没有按期（自申请日起3年内）提交实质审查请求书和缴纳实质审查费。二是进入实质审查阶段专利申请被视为撤回的原因主要包括：没有按期答复审查员的审查意见通知书；没有按期缴纳维持费和滞纳金。由此可见，导致专利撤回的原因大部分可以归结为专利申请人的主观原因。

③ 授权重复是两项以上的发明创造，由于主要技术特征构成的技术方案基本相同或等同，分别申请专利，均获得授权。专利重复授权既违背了专利的独占属性，又破坏了在发明人与国家或者社会公众之间的专利契约，因此禁止重复授权原则是国家专利部门授权时必须要遵循的原则之一。而科研院所在进行专利申请时，一定要预先查阅清楚自己所申请的专利是否和已有专利存在重复，避免出现因专利重复导致专利失效的情况。

④ 专利申请驳回是对不符合专利法规定的专利申请予以驳回不授予专利的决定。就中国专利审查程序而言，产生驳回的情况有如下几种：a.经初步审查，专利局认为专利申请明显不符合专利法有关规定或需要申请人限期陈述意见或补正，经陈述意见或补正后，仍被认为是不行的，予以驳回；b.经实质审查，专利局认为申请专利的发明创造不符合专利法规定，要求申请人限期陈述意见或修改，经陈述意见或修改后仍不行的，予以驳回；c.专利局在接到异议后要求申请人限期作出答复，对所作答复进行审查后，认为异议成立的，予以驳回。天科院的专利构成中申请驳回的数量只有4件，因此不构成主要影响。

4.1.2 发明专利比重较低

根据专利类型分布的数据统计，可得知天科院的专利构成中，发明专利只占专利总数的39%，所以天科院的专利类型分布不尽合理。

众所周知，三种类型的专利在保护对象、授权难度、权利稳定性等方面均有所不同，具体而言：

一是在保护对象方面，外观设计专利保护对象是设计，发明专利和实用新型专利保护的是技术方案。进一步地，发明专利保护的技术方案包括产品和方法，而实用新型专利只保护产品，并且该产品必须是具有形状、构造的产品。例如形状不确定的粉墨或者化合物就不能申请实用新型专利，只能通过发明专利进行保护。

二是在授权难度方面，发明需要经过国家知识产权局的初步审查和实质审查两个阶段，而实用新型专利和外观设计专利通过初步审查后即可获得专利权。因此发明专利的授权难度要大于实用新型专利和外观设计专利。

三是在权利稳定性方面，由于发明专利是经过初步审查和实质审查两个阶段才可以获得授权的，所以权利的稳定性相对来说，比实用新型专利和外观设计专利要稳定。

综合以上分析，发明专利虽然授权难度大，但在保护对象的全面性和权利的稳定性上是要优于其他两种专利的，且发明专利的创造性和技术水平是要明显高于其他两种专利的，因而其含金量和认可度更高。天科院作为一个水运工程领域的科研院所，科研实力和技术水平是衡量其发展的关键要素，因此应当在内河港航领域、海岸河口领域、海洋工程领域以及环境工程领域展开技术攻坚，更多地申请发明专利，进一步加强对发明专利申请的力度和相关政策、资金方面的扶持，逐步形成以发明专利占主导的专利布局，这无论是对于巩固自身实力还是增强对外竞争力都大有裨益。

4.1.3 无PCT国际专利申请

PCT为patent cooperation treaty（专利合作条约）的简写，从名称上可以看出，专利合作条约是专利领域的一项国际合作条约。自采用巴黎公约以来，它被认为是该领域进行国际合作最具有意义的进步标志。在目前天科院的专利构成中，国外专利（PCT）的申请数量为0。近些年来，天科院不断加快走出去的步伐，积极参与交通的全球治理，不断提升中国交通话语权。在国际工程领域，近些年承担了韩国、马来西亚、印尼等20多个国家100余项海外工程研究，覆盖了交通、电力、能源、冶炼等国民经济相关领域，促进了我国水运工程技术和标准的输出。在国际科研领域，先后与美国、德国、日本等20多个国家的科研院所开展合作，并取得良好进展。因此，天科院的专利申请也要紧跟发展潮流，探索国际化路线，鼓励科研人员申请国际化专利，不断增强天科院的海外知名度和国际影响力。

4.1.4 专利成果转化率低

专利的价值体现在专利的实施上，即将技术成果转化为经济效益。而在现实情境中，很多人申请专利纯粹是出于个人爱好，拥有专利对他们而言是一种荣誉，很多企业申请专利纯粹是为了申报项目得到政府的资助。无论他们是出于哪种原因而申请专利，他们的目的都不是要实现专利的商业化，这样导致了大量的专利无法实施，被束之高阁，失去了专利本身的意义。另外，许多企业在对专利的认识上就有偏差，认为专利是企业的私有财产，仅在企业内部使用，甚至不去使用。其实很多时候，如果企业愿意与其他企业共同合作研发新的技术，或者与其他企业进行专利共享，专利会得到更好的实施，会给企业带来更好的经济效益，从而使企业获得更长远的发展。相比之下，先进企业在对专利实施时，除了自己制定实施计划，还积极制定各项技术标准，形成相互的专利联盟，从而达到专利资源共享，使专利获得最大限度的使用，同时，企业自身也获得了客观的经济效益。

天科院在专利成果转化方面也存在一定的问题，比如科研人员申请专利就是为了在评定技术职称的时候发挥作用，一旦职称评定尘埃落定，专利似乎已经丧失价值，在专利的成果转化方面并未采取一些实质性的措施。这就导致天科院的专利成果转化率一直处于一个相对低的水平。如果对专利的成果转化加以重视并运用一定的激励机制逐步提升专利的成果转化率，不仅能够进一步发挥专利的经济价值，还能创造更大的经济效益。

4.2 专利战略管理层面存在的问题

4.2.1 专利战略管理意识不强

虽然专利是一个单位的核心资产，是增强核心竞争力的有力支撑，但总体而言，天科院的专利战略管理意识仍然不够强，有时会忽略在专利管理方面投入更多的管理精力和物力。此外，未完全将专利的管理上升到单位战略高度，也没有很好地将专利管理纳入单位战略化发展的策略当中，使得专利管理工作的开展受到诸多限制。进一步剖析导致专利战略管理意识不强的原因，总结出以下几点：

一是科研人员对专利权相关的知识了解不够，没有关注专利权和科研的相关性，没有做好专利检索工作，对于技术和产品的发展趋势掌握不够精准。

二是并未深刻认识到加强专利战略管理的重要性，没有建立现代专利战略管理体系，因而不能很好地指导专利工作开展。

三是没能很好地意识到运用相关的专利法律来保护自己的专利，不重视及时申请专利保护，在专利保护工作方面存在一定欠缺。

四是没处理好发明专利和实用新型专利的关系。根据国家知识产权局统计，实用新型专利申请总量一直居于我国三种专利之首。主要原因是实用新型专利具有审批快、授权易、费用低的特点，因此深受申请人的喜爱。在天科院的专利构成中，实用新型专利占据了绝大部分，发明专利所占比重较小，专利结构还存在一定的优化空间。

4.2.2 专利战略管理机制不健全

我国法律针对知识产权的申请、保护以及成果运用等都给出了明确的法律规定，同时也要求企业严格贯彻落实国家的知识产权法，并根据企业管理的实际情况制定与企业实际相符的知识产权管理规章制度。但是目前天科院的知识产权管理制度化水平仍然处在较低层次，没有建立起从专利计划、资金管理、信息获取到实施、申报、激励等覆盖生产、加工、研究全过程的专利管理制度，使得有关工作人员在实际工作当中缺乏良好的制度依据，影响知识产权管理的规范化发展。

因此研究单位要加强专利战略管理就应充分依靠和运用管理机制，制定严格的专利战略管理规定，不断完善专利管理机制中的各个环节，打破随机性、零散式的专利管理模式。只有这样才能鼓励和调动科研人员发明创造的积极性，推动专利战略管理机制的实施，形成竞争性优势，从而更好地为单位科研生产服务。

4.2.3 专利战略人力资源素质不高

专利战略制定和实施必须要有相关人力资源保证，然而目前天科院虽有专门负责专利工作的科研部门，但是缺乏专业化的专利管理工作人员对专利战略进行总结提升，不能够恰当地运用相关理论知识来解决实际管理当中的突出问题，因而专利人力资源方面存在资源匮乏，素质不够高的问题。主要表现在以下两点：

① 没有为专利战略管理部门配备专业人员。现有专利管理岗位人员的知识不够，不能很好地运用法律、技术、管理等综合性知识去解决专利管理工作中出现的各类问题。

② 专业技术性人才不够，满足不了研发需求。专利战略人才储备不足是单位发展的瓶颈，会严重阻碍单位实施专利战略管理。

4.2.4 专利创新激励机制不足

创新是推动民族进步和社会发展的动力，是企业发展的源泉，唯有不断创新，才能获取持续的竞争优势。尤其天科院作为一个科研院所，更应该注重科研创新能力的培养与提升，但是就目前的总体情况来看，天科院在专利工作方面的技术创新激励机制还存在一定的提升空间。虽然已经做到比较重视激励技术创新，但相对成熟的专利管理模式而言，专利战略管理和创新激励的意识仍然不够强，在能力和机制方面也存在一定的不足。在日常的专利管理工作中，没有设定明确的专利战略管理目标，以及用何种激励与处罚机制来提高科研人员的创新意识，没有把经济激励、目标激励、荣誉激励、晋升激励、深造激励与专利战略工作结合起来统筹运用，这无疑对天科院的技术创新存在一定的制约。

5 天科院重点技术专利导航分析

5.1 核心技术分析——港口含油污水处理国内专利分析

为了进一步研究我国港口污水处理领域的专利发展趋势，本书对中国专利申请数据进行了统计分析。经试检索、检索和人工筛选后，得到密切相关的专利申请908项。从技术分支看，主要包括物理法、化学法、生物法等分支。本部分以这些中国专利为研究和分析对象，对专利的总体发展趋势、技术构成、技术活跃度以及重点专利技术进行分析，了解这一技术领域的专利发展趋势和状况。

5.1.1 国内专利总体趋势分析

国内港口含油污水处理技术最早专利出现在1985年。代表性的专利技术为中国船舶工业总公司第七研究院第七〇四研究所的“船用生活污水处理装置”，为一项实用新型专利。该专利提供了一种使用生化法的船用生活污水处理装置，该装置的特点是在处理生活污水的曝气与沉淀过程之间增加了使用软性填料的接触氧化过程，从而解决了一般生化法在船舶生活污水处理上长期存在的装置停机后再启动时达到稳定工况所需时间过长的问题。

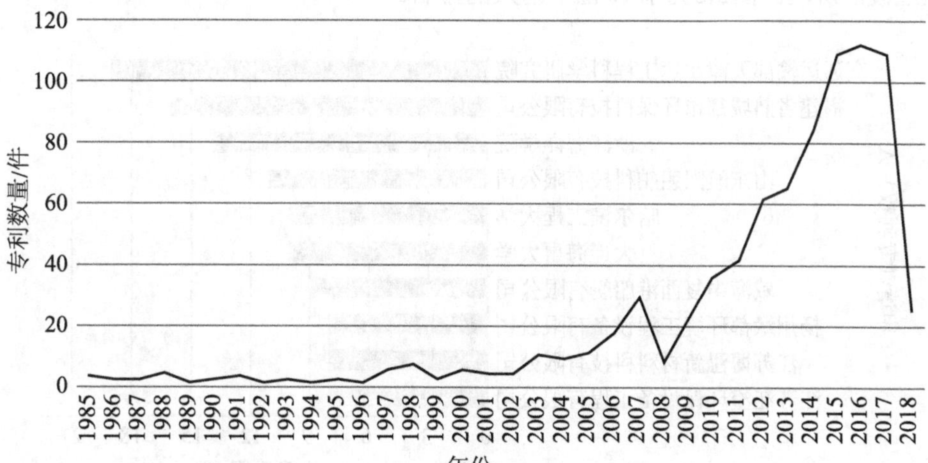

图5.1 含油污水处理技术领域国内专利总体发展趋势（专利申请量）

图5.1给出了港口含油污水处理技术领域中国专利数量的年度（基于专利申请年）变化趋势。可见，1985～2003年，在国内关于港口含油污水处理的相关专利一直处于低申请量状态；2003～2007年，港口含油污水处理领域的专利申请量有一个小高峰；2008～2017年，专利申请量不断攀升。特别是2013年以后，专利申请量大幅增长，迅速突破60件，并在2015年跃迁到100件以上，在2016年以后形成了一个小高峰。从技术生命周期看，国内港区含油污水处理正进入一个快速发展的阶段，新进入者较多，专利数量和申请人的数量整体上都呈现增长的态势。

5.1.2 国内专利主要申请人分析

在专利申请人分析上，本书选取10家专利总量排名靠前的单位作为研究对象，在研究过程中选出了排名靠前的申请人，从整体上看，尽管国内污水处理领域历史积淀比较悠久，但从港口含油污水的角度进行限定后，技术领域的专利申请量大幅度缩减，整体上看前10位专利申请人的专利申请量均不是很大。前10位专利申请人累计申请专利113项，占样本专利总量的14.1%，从专利数据占有量上看，在港口含油污水处理领域的国内市场竞争集中态势尚未完全形成，整个专利竞争壁垒相对比较小。进一步分析发现，前10位专利申请人中科研院所有4家，占前10位申请人的40%。可以看出，该技术领域处于科研成果向产业化快速过渡的阶段。图5.2为前10位申请人的排名。

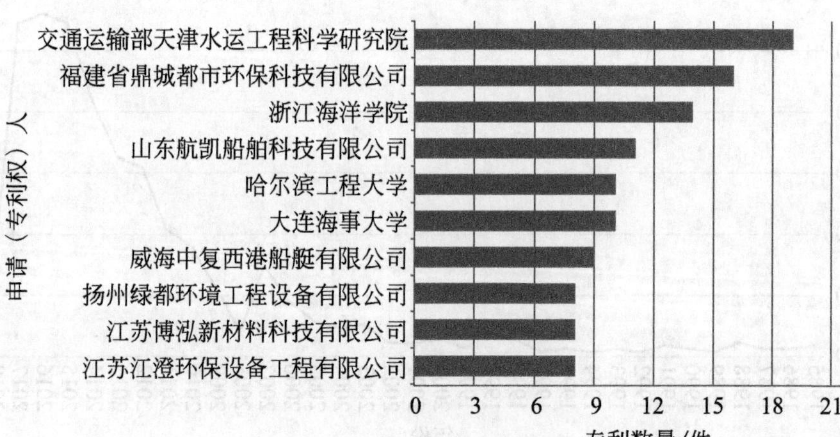

图5.2 前10位专利申请人的排名

5.1.3 技术活跃度分析

本书选取2015～2017年的专利申请量占总申请量的比重来表征技术活跃度。整体上讲，该技术领域处于十分活跃的状态。从前10名专利申请人的专利申请时间可以看出，2013～2015年的专利申请量均处于高峰期（图5.3）。

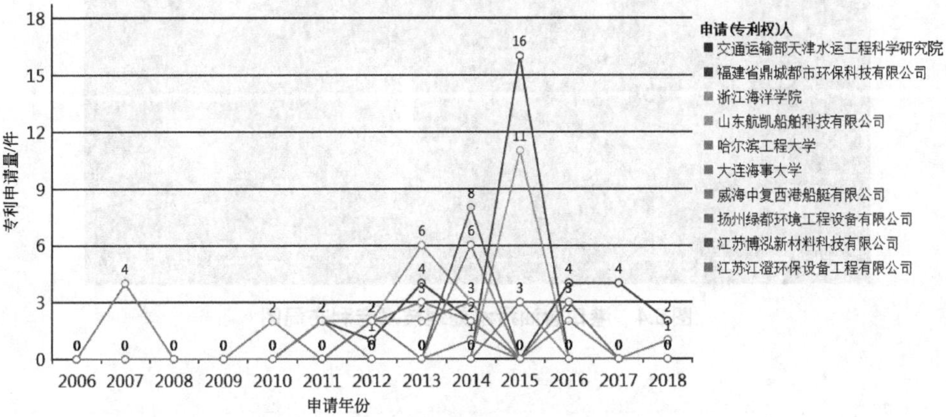

图5.3 前10位专利申请人技术申请趋势图

5.1.4 专利布局分析

本书通过对专利关键词的提取与筛选，结合各区块专利进行解读追溯，绘制港口含油污水处理专利布局图（见图5.4）。从图5.4中可以看出整个专利在细分领域的分布情况，分布的领域相对来说主要集中在以下几个方面：一是物理方法，对污油的吸附、离心、沉降絮凝、收集处理；二是生物化学方法处理污水；三是船舶污水的处理；四是污水的深海扩散与污水的深海排放。

（1）物理方法

从1986年起，港口水处理方向涉及物理方法的年专利申请数量分布情况如图5.5所示，总体上呈现出上升趋势，特别是从2010年开始，年专利申请数量有大幅度增长。从目前年专利申请数量来看，物理方法应用于港口水处理方向的技术改进和发明正处于一个十分活跃的时期。

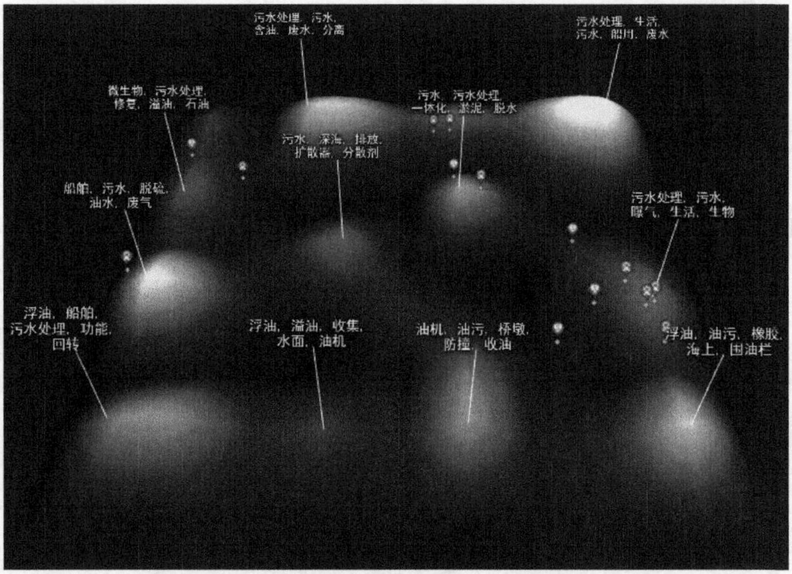

图5.4　港口含油污水处理技术专利布局图

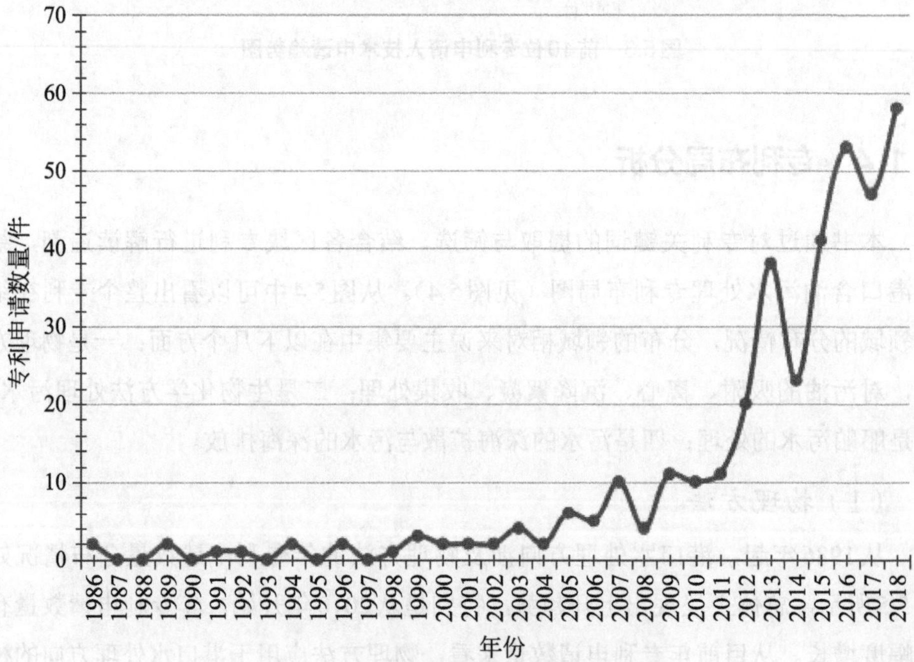

图5.5　物理方法年专利申请数量趋势图

（2）生物化学方法

从1986年起，港口水处理方向涉及生物化学方法的年专利申请数量分布情况如图5.6所示，生物化学方法应用于港口污水处理领域的年专利申请数量总体呈现上升趋势。特别是在2008年以后，整体呈现出了较快的增长趋势，2016年达到一个小的峰值后，后两年有一定的波动。

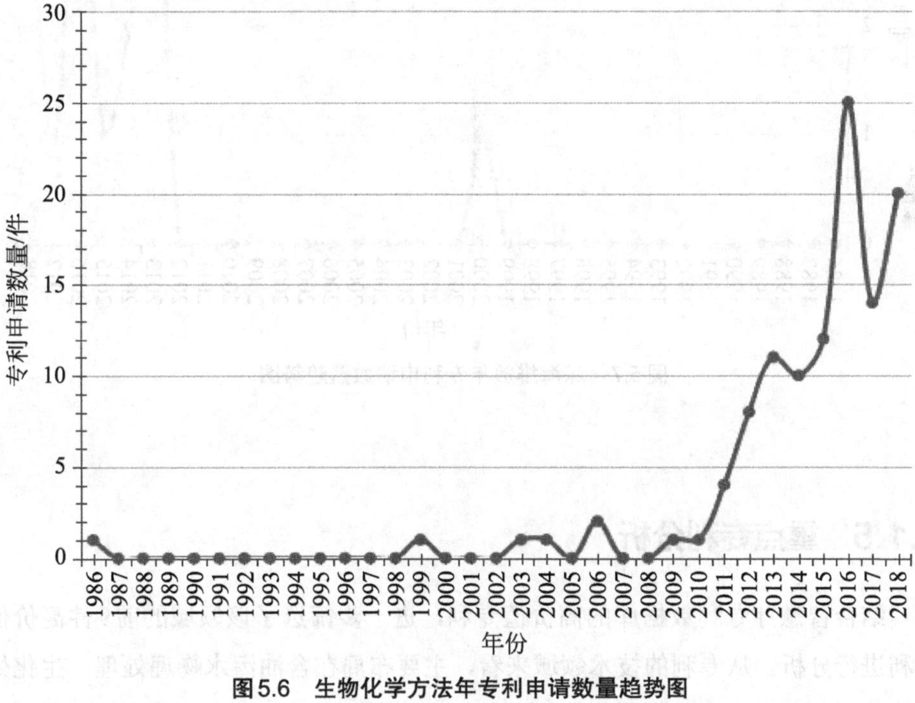

图5.6 生物化学方法年专利申请数量趋势图

（3）深海排放

从1986年起，港口水处理方向涉及深海排放的年专利申请数量分布情况如图5.7所示。前20多年深海排放应用于港口水的处理领域的年专利申请数量一直较少，一方面说明该方法在港口水处理领域的应用并不广泛，另一方面也说明对该方法的研究水平还有待提高。

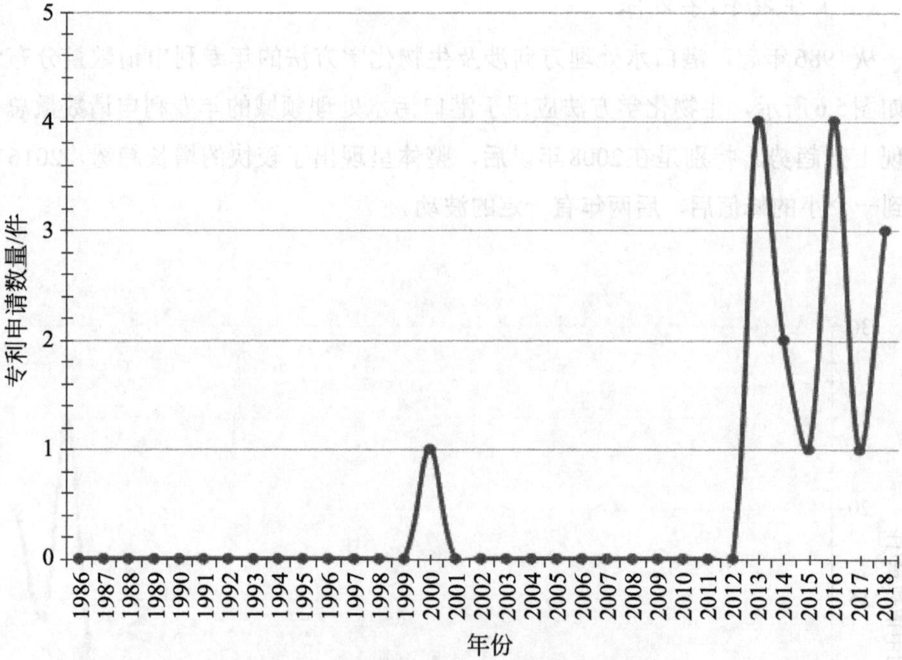

图5.7　深海排放年专利申请数量趋势图

5.1.5 重点专利分析

结合智慧芽专利数据库的高价值专利，进一步筛选了该领域的前9件高价值专利进行分析。从专利的技术领域来看，主要布局在含油污水物理处理、生化处理等领域；从专利申请人来看，国外机构在中国申请专利6件，主要为欧洲、美国以及韩国的企业，国内机构申请专利4件，其中大学1件、企业3件；从专利的简单同族数来看，国外的专利要明显高于国内的专利的水平；从专利的引用来看，尽管国外的专利高于国内的专利，但相比于同族数量来讲，这个差距并不是十分明显。同时也能从一定角度上看出，国内企业和大学的国际化专利布局意识和相关工作还有待于进一步加强。表5.1列出了港口含油污水领域国内的高价值专利。

表5.1 港口含油污水领域国内高价值专利明细表

申请号	标题	申请日	简单同族成员数量	被引用专利总数	申请人	技术要点
CN200980109689.9	用于处理废水的方法和装置	2009-01-28	20	28	生物水技术公司	对废水进行处理的反应器，用于使废水在一个反应器容积内既进行缺氧 / 厌氧又进行好氧处理
CN201180026154.2	具有良好力学性能的油吸收性聚氨酯海绵	2011-05-18	16	8	巴斯夫欧洲公司	油与具有优异力学性能的聚氨酯海绵接触而被吸附和 / 或被吸收。将聚氨酯泡沫用作从疏水性和亲水性液体混合物中分离疏水性液体的过滤器的材料
CN200580010974.7	废水处理	2005-04-25	26	19	水质标准股份有限公司	离岸废水处理船（或其他离岸设备），所述离岸废水处理船包括每天能够处理至少 2000 万升废水的废水处理系统；所述废水处理系统可包括用于减少废水中悬浮固体或油脂含量的初级处理系统
CN201310316803.3	一种壳状高分子吸油微球的制备方法	2013-07-25	2	10	中国石油天然气股份有限公司	壳状高分子吸油微球的制备方法，制备的壳状高分子吸油微球具有吸油速率快的特点
CN201210104288.8	船舶舱底含油污水的集成处理装置及方法	2012-04-11	2	13	哈尔滨工程大学	舱底含油污水通过收集管路经过格栅，进入调节池中，再进入絮凝反应池，混凝剂和助凝剂分别通过加药机投入絮凝反应池中，絮凝反应池带有搅拌机，经过絮凝之后进入重力式油水分离器，重力式油水分离器的上部有刮油器，下部为斜板结构，底部有污物收集斗，污物由排污阀控制的排污管排出，通过重力式油水分离器分离后的待处理含油污水进入膜分离单元，而超滤后的浓缩水通过排水管排出，膜分离单元设有反冲洗装置
CN201010533144.5	船舶用多重污废水处理装置	2010-10-22	4	6	南亮压力容器技术（上海）有限公司	在单一反应槽内通过微生物而执行流入—反应—沉淀—流出这一过程的连续回分式反应槽；用于对经过所述连续回分式反应槽的一次处理水进行过滤的薄膜滤器；用于对经过所述薄膜滤器的二次处理水进行除臭及杀菌的臭氧射流器及臭氧反应槽

续表

申请号	标题	申请日	简单同族成员数量	被引用专利总数	申请人	技术要点
CN200910310616.8	集装箱洗箱废水的处理方法	2009-11-30	2	15	天津市塘沽区鑫宇环保科技有限公司	一种集装箱洗箱废水的处理方法，包括预处理、物化处理、生化处理和深度处理的集成，其中预处理由隔油池和集水调节池滤除悬浮物和浮油，均化水质、水量；物化处理由气浮装置去除油类物质和COD；生化处理由AF厌氧滤池和SBR反应池去除有毒有害物质；深度处理由移动床生物膜反应器和臭氧催化氧化池降解有机物并消毒，达到中水回用标准后，作为清洗用水
CN200910245097.1	溢油污染海岸线生物修复用菌剂及制备方法	2009-12-25	2	12	中国海洋石油集团有限公司|中海油能源发展股份有限公司|中海石油环保服务有限公司	短小芽孢杆菌、威尼斯不动杆菌、门多萨假单胞菌、皮氏罗尔斯顿菌等组成的生物制剂
CN201380026321.2	用于处理船的废气中包含的杂质的方法、具有洗涤器的船和净化单元	2013-05-08	13	5	朗技术公司	处理船的废气中包含的杂质以减少硫氧化物排放物和其他排放物的方法。为了使该方法能够足够有效地净化离开废气洗涤器的冲洗水以使已经历净化的水能直接排入海洋，并且为了使用于该方法的净化单元足够小以易于放置在船上

5.1.6 主要竞争对手分析

鉴于水运行业的特殊情况，单纯地依靠专利的申请人排名确定竞争对手对于产业的影响比较大。竞争对手的确认从两个维度进行：一是从行业的角度出发，通过系统的行业调研，对业内从事与天科院研究重点产品具有较大从业相似性的国内企业进行梳理整理；二是结合专利申请人的专利申请情况进行系统的挖掘，最终确定天科院在国内的主要竞争对手。

5.1.6.1 竞争对手：中国海洋石油集团有限公司

（1）企业基本情况

中国海洋石油集团有限公司是中国国务院国有资产监督管理委员会直属的特大型国有企业，是中国最大的海上油气生产商。中国海洋石油是中国改革开放后第一个全方位对外开放的工业行业。1982年1月30日，国务院颁布《中华人民共和国对外合作开采海洋石油资源条例》（以下简称《条例》），决定成立中国海洋石油总公司，以立法形式授予中国海洋石油总公司在中国对外合作海区内进行石油勘探、开发、生产和销售的专营权，全面负责对外合作开采海洋石油资源业务。2月15日，中国海洋石油总公司（以下简称中海油）在北京正式成立。

从1957年到对外合作勘探开发海洋石油以前，在中海油发展20多年的艰苦创业期间，石油、地质单位陆续在南海、渤海、黄海等海区进行重力、磁力普查和部分地震普查。石油工业部所属单位在渤海和南海的北部湾、海南岛附近海域钻探井111口，有30口井获得工业油气流；在渤海开发了3个小型油气田，累计生产原油100万吨。1982年中国海洋石油总公司的成立，标志着中国海洋石油工业进入了一个全新的发展时期。成立之初的中国海洋石油总公司，相当于国务院直属局级，归口石油工业部领导，当年3月在天津塘沽石油工业部海洋石油勘探局的基础上成立渤海石油公司；6月在广州成立南海东部石油公司，在湛江石油工业部南海石油勘探指挥部的基础上成立南海西部石油公司；7月在上海成立南黄海石油公司。这四个下属地区公司成立后分别负责各海域的油气勘探开发工作。中海油气开发利用公司主要业务是开发和经营三大系列产品——重交沥青、环烷基润滑油和环保型燃料油。现有70号重交沥青、90号重交沥青、硬质沥青

（30号、50号）、水工沥青、乳化沥青、SBS改性沥青、橡胶改性沥青等多个成熟沥青产品系列，有变压器油、环保橡胶油、冷冻机油、锂基润滑脂基础油等多种环烷基润滑油基础油。此外，还有多个系列的低硫环保型燃料油产品，广泛应用于发电、陶瓷、玻璃、锅炉、船舶等领域。

（2）企业专利布局

图5.8为中海油相关公司在港口污水处理领域的专利申请情况。图5.9为中海油相关公司在港口污水油水分离领域的专利布局示意图。从企业的专利布局来看，企业主要围绕船港口污水油水分离申请了31件专利，其中实用新型专利9件，发明专利22件。其中有效专利24件，无效专利5件，还有2件处于在审状态。企业相

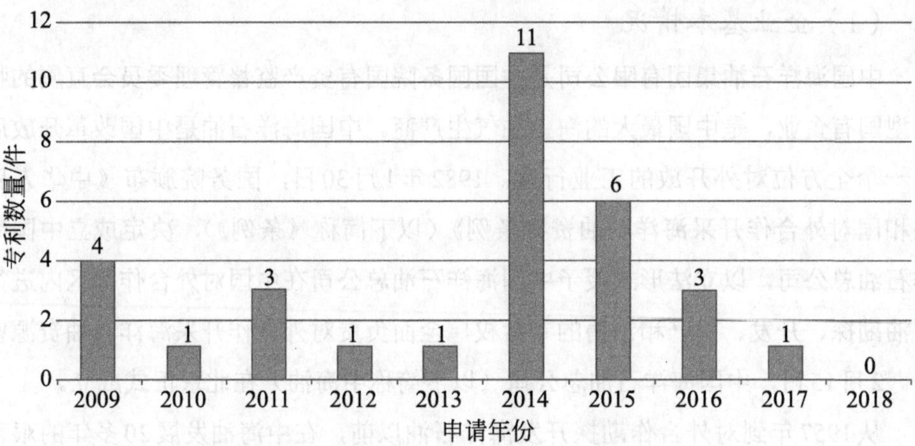

图5.8　中海油相关公司在港口污水处理领域的专利申请图

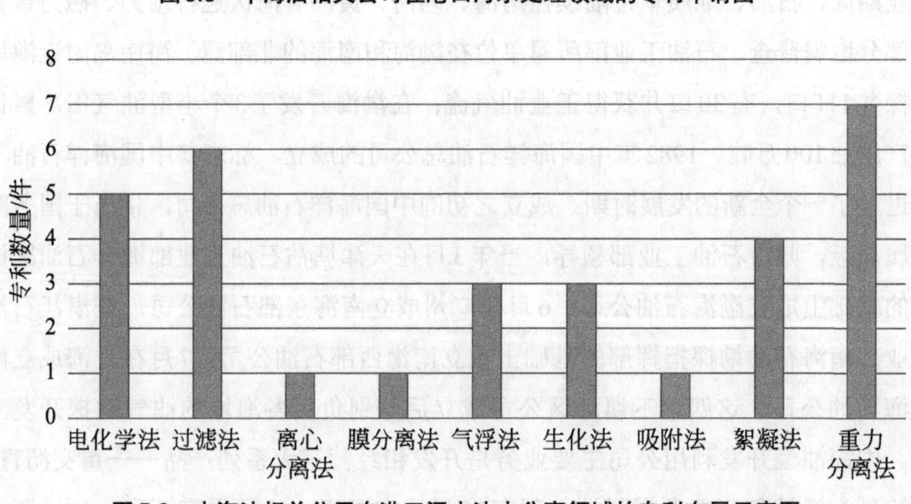

图5.9　中海油相关公司在港口污水油水分离领域的专利布局示意图

关专利的技术手段主要包括物理法、化学法和物理化学法。详细技术领域可分为电化学法、过滤法、重力分离法、絮凝法、气浮法、吸附法、生化法、膜分离法和离心分离法，企业的专利布局相对比较单一和集中。从企业的申请态势上看，企业的专利申请相对比较平均，近十年基本都有专利申请，2014年申请数量最多。

（3）企业研发布局

气油水三相分离装置和开排沉箱两个领域的发明人有重叠，可见两个领域的技术是可以相互启发的。开排沉箱领域主要是解决现有开排沉箱内部构件的设计不利于油水分离的问题。高速流体连续排放时使得排放管线下方斜板间流体流场紊流强度增大，紊流强度过大影响的区域过大，会造成开排沉箱中流体质点的剧烈互相混杂，使得质点运动速度在轴向和纵向均有不规则的脉动，不利于流体在斜板的近壁层达到层流状态，而斜板布置对数过少不能确保油水在开排沉箱内部停留足够的时间。传统气油水三相分离装置存在的主要问题是，单一聚结板容易导致不同粒径的水滴在分离时相互影响，从而影响分离效率，如果增加所需的聚结板长度，还会造成成本增加。针对上述两个主要问题，企业在针对相关问题的基础上提升了分离效率，在保证油水分离效率的前提下，大大降低了生产成本，提升了经济效益。升华法主要使生化池、膜过滤单元与电解催化氧化装置等有机结合，显著提高了系统的抗冲击负荷能力和运行稳定性，降低了运行成本，同时可实现海上平台生活污水达标排放。

5.1.6.2 竞争对手：山东航凯船舶科技有限公司

（1）企业基本情况

山东航凯船舶科技有限公司专注于水环境处理课题和船舶高新实用技术的研究、开发与综合利用，技术研发和生产制造能力在行业中处于领先地位。公司总部位于枣庄高新区科技中心大厦，在山东省内拥有枣庄航凯环保科技有限公司与济宁启丰船舶科技有限公司两处共计7000余平方米的生产制造基地。研发中心目前拥有研究生及以上学历各类专业技术人员12名，其中研究生3人，固定兼职博士后2人，在读博士生4人，海外留学回国人员3人。与中国船级社武汉研究所、中国船舶工业集团704研究所、中船重工淄博火炬能源有限公司、北京理工大学发动机实验室、上海汽车集团乘用车分公司等权威科研院所和国内外知名企业建立了长期良好的合作关系。

公司的生产工艺严格按照ISO 9001：2000质量管理体系认证和ISO 14001：2004环境管理体系认证标准生产，所有的船用产品均经过严格的船检及相关行业认证。根据国家要求和市场需要，公司研发的QFWC（M）-B型生活污水处理装置，目前已取得4项发明专利、8项实用新型专利和12项外观专利，在无须耗材投入、无须人工操作的情况下可以实现长期自动运行。《大众日报》“光明网”等国家官方主流媒体以《京杭运河船舶首装生活污水处理装置》为题，对公司技术人员为解决环境污染问题孜孜不倦的研发精神和取得的瞩目成果争先进行了报道。

（2）企业专利布局

图5.10为山东航凯船舶科技有限公司的专利布局示意图。图5.11为山东航凯船舶科技有限公司的专利申请图。从企业的专利布局来看，企业主要围绕船用生活污水处理装置申请了11件专利，占企业专利总量的85%。主要包括三个细分领域，即船用生活污水生化排污柜，卧式船用生活污水处理装置以及立式船用生

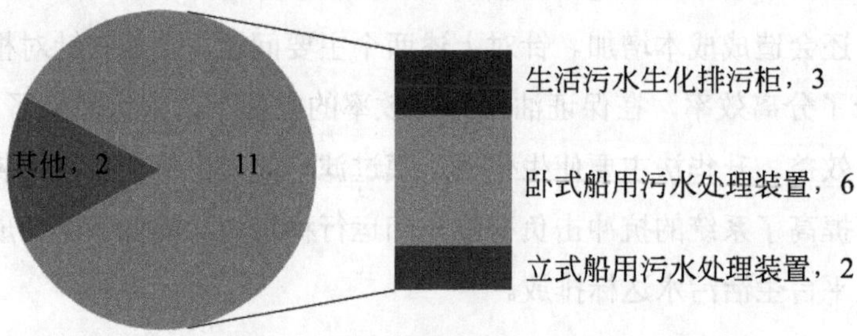

图5.10　山东航凯船舶科技有限公司的专利布局示意图

图5.11　山东航凯船舶科技有限公司的专利申请图

活污水处理装置。企业的专利布局相对比较单一和集中。从企业的申请态势上看，企业的专利申请呈现很大的波动，专利申请主要集中在2015年，也就是企业注册成立的年份，同时也可以看出企业为新进入企业，为行业的新进入者。

5.1.6.3 竞争对手：青岛双瑞海洋环境工程股份有限公司

（1）企业基本情况

青岛双瑞海洋环境工程股份有限公司（以下简称青岛双瑞）是中国船舶重工股份有限公司的控股子公司，成立于2003年，是主要从事海洋环境腐蚀控制与水处理技术研发、产品设计、生产施工、试验检测及工程总承包的高科技产业公司。

青岛双瑞围绕“资源节约，环境保护”两大核心，以科技创新为动力，以为客户提供全面解决方案为宗旨，坚持国际化战略，引领产业快速发展，致力于成为海洋环境工程领域的领航者，为蓝色经济、海洋生态保护、海洋强国战略做出贡献。青岛双瑞连续6年被评为国家高新技术企业，拥有包括国际海事组织（IMO）专家、泰山学者、青岛市拔尖人才等在内的一流人才队伍。2008年获得我国工程领域最高奖项——国家科学技术进步一等奖、国家优质工程金奖。主要产品荣获国家战略性创新产品、国家重点新产品、山东名牌产品等荣誉称号。建立了涵盖30多个国家、70多个港口的全球销售服务网络，产品远销30多个国家和地区。青岛双瑞已发展成为拥有腐蚀控制、电解制氯、船舶压载水、海水淡化四大产业的国内领先、国际一流的高新技术企业。

青岛双瑞坚持自主创新，多项研发成果填补国内空白或达到国际领先水平，申请专利近100项。主编了腐蚀控制行业相关国家标准、国家军用标准和行业标准25项，电解制氯行业国家标准2项，主编了国内首个电解法压载水处理技术船舶行业标准，是全球唯一一家已获得世界7大主流船级社认证的供应商，是我国拥有完全自主知识产权的船用关键设备供应商；通过自主研发和不断创新全面掌握了膜法海水淡化核心技术。青岛双瑞船舶压载水管理系统市场占有率居世界前列，电解制氯产品在核电领域市场占有率为90%，腐蚀控制产品市场占有率为30%。

（2）企业专利布局

图5.12为青岛双瑞的专利布局图，图5.13为青岛双瑞的压载水专利申请图。

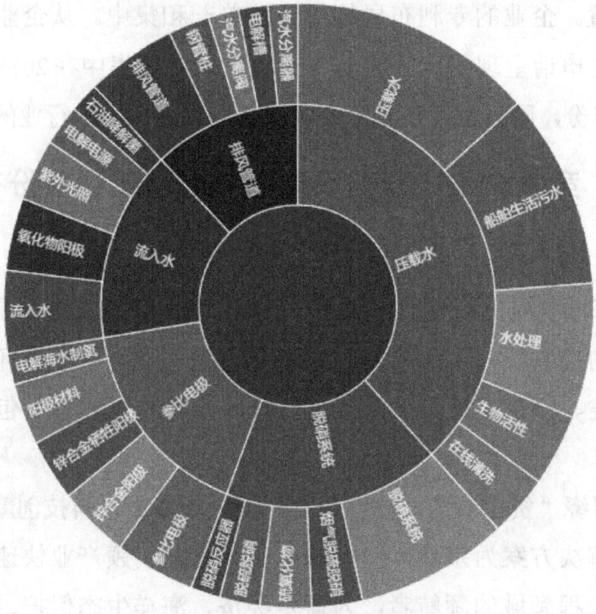

图 5.12　青岛双瑞的专利布局图

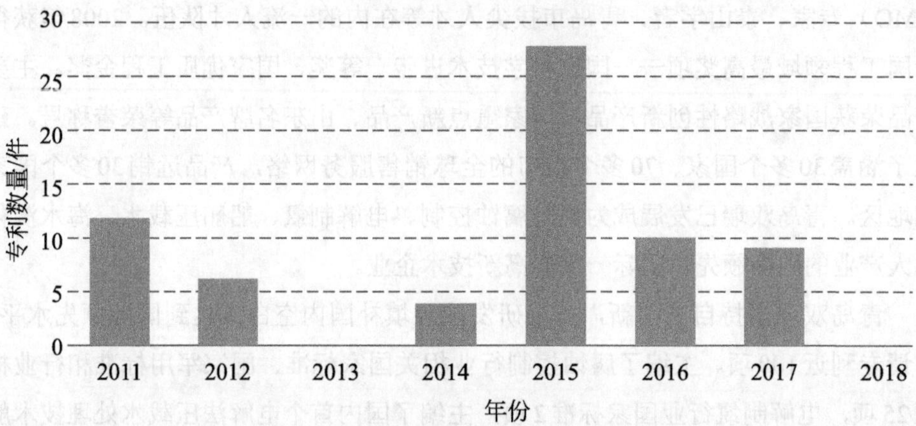

图 5.13　青岛双瑞的压载水专利申请图

从青岛双瑞的整体专利布局来看，与水处理有关的领域主要集中在压载水领域，即船舶的污水处理领域，其在该领域有较强的技术积累。在该领域，该公司在美国、欧洲专利局和世界知识产权组织均有相关专利申请。同时进一步结合企业自身资料发现，青岛双瑞设立了研发部负责新产品、新技术研发以及成果转化等工作，依托海洋腐蚀与防护国防科技重点实验室及其下属的青岛、厦门、三亚、深海等实海试验站，开展远洋船舶压载水处理成套设备研发及产业化、船舶生活污水处理技术等专业方向的技术和产品研发工作，拥有海洋环境模拟及加速腐蚀实验室、电化学实验室、化学分析实验室和表面及微观结构分析实验室等科研设施。从专利数量上看，压载水专利60件，占样本专利总量的34.2%，其中涉及压载水的处理方法、压载水的配套装置以及船上污水的处理装置。从专利申请时间上看，专利申请主要集中在2011年及以后，并且专利申请的年度不是十分稳定，波动性比较大。

5.2 核心技术分析——港口含油污水处理国外专利分析

为了进一步研究国外港口污水处理领域的专利发展趋势，本书对国外专利申请数据进行了统计分析。经试检索、检索和人工筛选后，得到密切相关的专利申请3903项。本部分以这些国外专利为研究和分析对象，对专利的总体发展趋势、技术构成、技术活跃度以及重点专利技术进行分析，了解这一技术领域的专利发展趋势和状况。

5.2.1 国外专利总体趋势分析

图5.14为国外含油污水领域相关技术发展态势。从国外专利来看，在1969年以前，相关专利一直处于低水平产出状态，年均专利产出数不足20件，1969～1983年，专利申请量迎来了第一个小高峰，1983～2007年专利申请量迎来了第二个小高峰，2013年以后专利态势有所下滑，特别是2015年以后整体上应该进

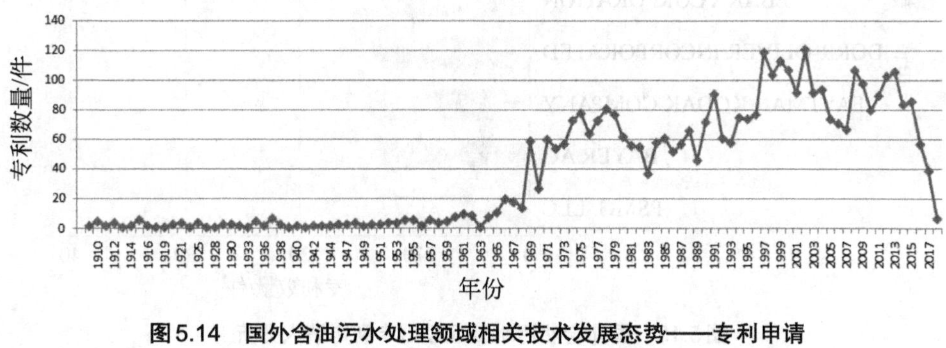

图5.14 国外含油污水处理领域相关技术发展态势——专利申请

入了新一轮的峰谷。从技术生命周期来看，国外在该领域的研发与国内的技术研发情况形成了一个鲜明的对比。国外的技术呈现出波浪式的发展，国内的技术还处在追赶期。

5.2.2 主要国际申请人分析

在整体申请人分析上，本书选取10家专利总量排名靠前的单位作为研究对象。图5.15为国外含油污水处理领域专利申请人的有关情况。从整体上看，国外含油污水处理领域历史积淀比较悠久，前10位专利申请人，专利数量为184件，占专利样本总量的4.7%。从国外情况来看，专利高度分散，整个市场处于非常强的竞争态势。从专利申请人的国别来看，基本上是以美国和欧洲为代表的世界级水处理和石油化学工业公司巨头。如美国德士古公司（TEXACO）——美国大型石油公司之一，又称得克萨斯石油公司，总部设在纽约州的哈奇森。得利满（DEGREMONT）成立于1939年，是一家专门从事水处理工程业务的跨国公司，隶属于世界500强之一的苏伊士（SUEZ）集团。从前10位专利申请人可以看出，整个领域的专利已经进入了非常成熟的应用阶段，基本上没有高校的参与，技术的成熟度已经非常高。

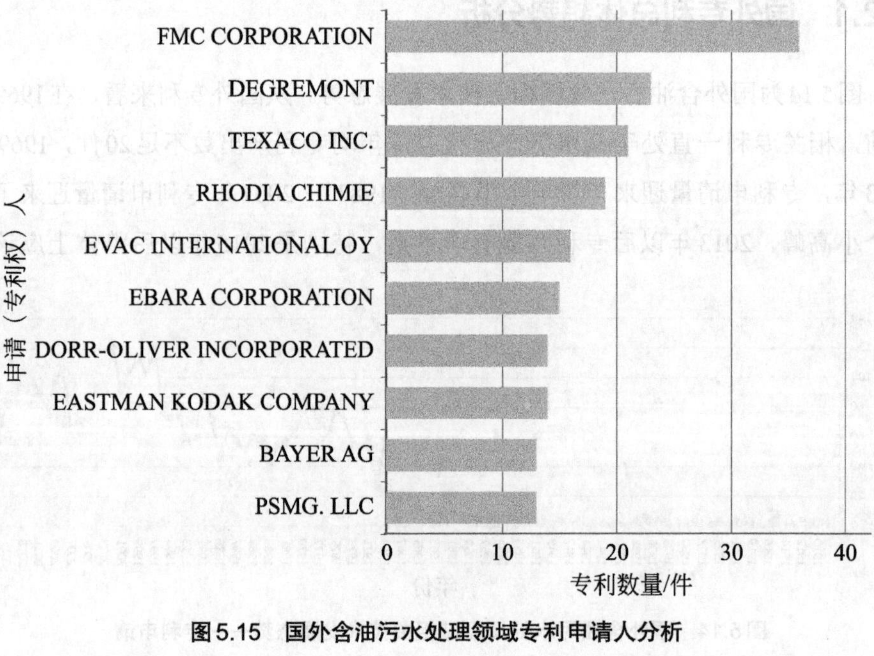

图5.15 国外含油污水处理领域专利申请人分析

5.2.3 技术活跃度分析

技术的活跃度通过研究2015～2017年发明专利的申请数量占发明专利总量的比例来进行确定。经统计申请数量为182件，占发明专利总量的4.6%，从一定程度上讲，基于港口工程领域的水处理相关国外技术发展目前相对而言处于一个低水平时期。

5.2.4 专利布局分析

图5.16为技术申请国的专利情况。进一步从技术的申请国来看，美国拥有1006项专利申请，占国外申请量的1/4，其次是日本、法国和加拿大。同时，尽管从专利申请量来看，全球专利申请量处于波动阶段，但美国的专利申请量在波动中强势上升。

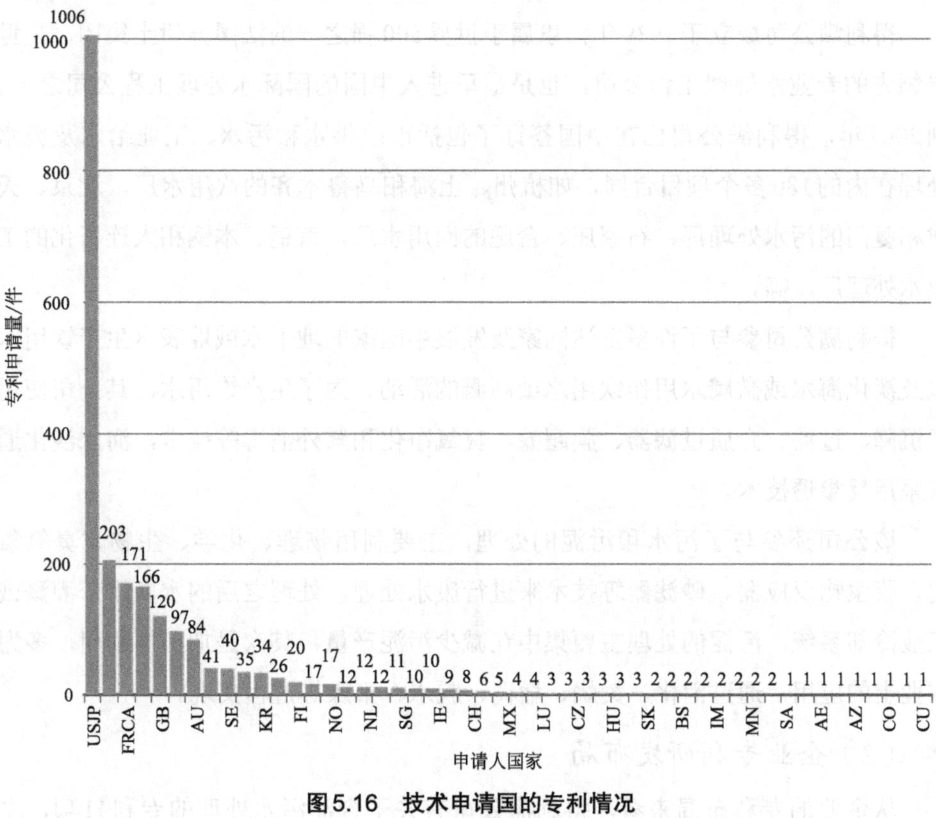

图5.16 技术申请国的专利情况

5.2.5 重点专利分析

本部分以智慧芽专利数据库研究的专利价值指标为遴选标准，在该指标下，选取10件具有代表性的专利技术（见表5.2）。从重点专利的领域分析可以看出，国际相关领域的技术主要集中在港口污水集中处理设备的材料，如膜、吸附材料以及相应的设备组件，同时还涉及相应的油水分离设备。从国外专利看，一个显著的特点就是专利的同族数量非常多，对照国内申请的高价值专利不难发现，国外企业在该领域的专利布局非常广泛。

5.2.6 主要竞争对手分析

竞争对手为得利满（DEGREMONT）公司。

（1）企业基本情况

得利满公司成立于1939年，隶属于世界500强之一的法国苏伊士集团，是世界领先的专业水处理工程公司，也是最早进入中国的国际水处理工程公司之一。到2007年，得利满公司已在中国签订了包括市政供水和污水、工业给水及废水处理在内的180多个项目合同，如杭州、上海和乌鲁木齐的饮用水厂，北京、天津和厦门的污水处理厂，石家庄、合肥的回用水厂，首钢、本钢和大连石化的工业水处理厂，等。

得利满公司参与了许多发达国家及发展中国家的地下水或地表水生产饮用水以及淡化海水或微咸水用作饮用水或灌溉的活动。为了生产饮用水，其公司使用了沉降、过滤、介质过滤器、膜超滤、臭氧净化和紫外消毒等技术，海水淡化通常采用反渗透技术。

该公司还参与了污水和污泥的处理，主要利用物理、化学、生物、臭氧氧化、膜生物反应器、砂滤器等技术来进行废水处理，处理之后的水多用于灌溉或工业冷却系统。污泥的处理主要集中在减少污泥产量，其次是加工再利用，多为农业上的应用，通过消化、焚烧、增稠、脱水、干燥等过程实现。

（2）企业专利研发布局

从企业的专利布局来看，得利满公司有关于含油污水处理的专利11项，主

表 5.2 港口含油污水领域国外高价值专利明细表

公开（公告）号	申请号	标题	申请日	简单同族成员数量	当前申请（专利权）人	技术要点
EP1331204A1	EP200300 1621	Nitrite-type nitrification carrier and method for producing the same and method and apparatus for removing nitrogen using the same	2003-01-24	11	HITACHI，LTD.	本发明提供了一种亚硝酸盐型硝化载体及其制备方法和使用该载体除去氮的方法、设备
EP2563724B1	EP2010793338	Membrane-electrode assembly，electrolytic cell using the same，method and apparatus for producing ozone water，method for disinfection and method for wastewater or waste fluid treatment	2010-11-29	14	DE NORA PERMELEC LTD | AQUAECOS LTD.	本发明涉及一种膜-电极组件，包括具有阳离子交换膜的固体聚合物电解质膜，以及紧密黏附于固体聚合物电解质膜的各个表面的阳极和阴极
US8808419	US13/498495	Method of integration of concentration-dehydration and aerobic air-drying of sewage sludge	2009-11-18	11	GUANGZHOU NEW EXTEND RISING ENVIRONMENTAL PROTECTION TECHNOLOGIES MACHINERY EQUIPMENT CO.，LTD.	污水、污泥浓缩脱水-好氧风干一体化的方法
US7367459	US11/413034	Passive grease trap using separator technology	2006-04-27	19	THERMACO，INC.	用于从废水中分离油脂和固体废物的油脂分离器。隔油池包括具有向下成形底部的罐。向上成形的分隔器将罐分成上腔室和下腔室

续表

公开（公告）号	申请号	标题	申请日	简单同族成员数量	当前申请（专利权）人	技术要点
EP2143483B1	EP2008739350	Aerating unit and aerating apparatus equipped therewith	2008-03-28	14	MA，JUN | YOO，YUNG. KYUN | FUJISATO，TETSUHIKO | IKEDA，YOSHIAKI | LEE，SEHAN	一种曝气装置，能够利用适于水中生物的气体溶解平衡快速净化水质，并且可用于处理污水处理设施中的污水
US8992776	US14/032639	Methods for treating waste water	2013-09-20	12	KINDER MORGAN OPERATING L.P."C"	一种处理高氮含量废水的系统，该系统包括沉淀和调节子系统、氨汽提器子系统和脱氮子系统
US8557117	US12/854855	Methods for treating waste water	2010-08-11	12	KINDER MORGAN OPERATING L.P. "C"	一种处理高氮含量废水的系统，该系统包括沉淀和调节子系统、氨汽提器子系统和脱氮子系统
US9227862	US14/323037	Process for sewage water purification	2014-07-03	25	POTABLE WATER SYSTEMS LTD.	通过凝结胶体并将它们与水分离从被污染的水中除去胶体和氮化物的方法和设备
EP2641642B1	EP2011842347	Oil-water separating device and floating oil collecting system comprising same	2011-06-21	11	BEIJING RECHSAND SCIENCE & TECHNOLOGY GROUP CO.，LTD	本发明提供了一种油水分离装置和浮油收集系统。该装置包括由壁包围的油收集室
US8920640	US13/300684	Oil/Water separator	2011-11-21	17	GOBBLER OIL SPILL RECOVERY LTD	提供了一种油/水分离器，其适用于溢油回收容器和其他地方。分离器包括分成第一和第二隔室的罐结构，第一和第二隔室通过底部通道连通

要集中在创新设计生物处理含油污水的工艺和设备装置上。例如，申请号为EP0105788A1的专利研发了一种用含颗粒的介质过滤器过滤厌氧处理废水的工艺和设备，将待生物处理的废水引入含颗粒的介质过滤器中，颗粒材料可以支撑由厌氧处理产生的生物质，同时厌氧处理过程中产生的一部分生物气注入垂直向上延伸的过滤器管中，从而实现废水的连续处理和颗粒材料的循环使用。申请号为US3834540的专利设计了一种用于活性污泥生物净化废水的组合装置，其包含至少两个与曝气罐连通的耦合澄清池以及用于将来自澄清池的沉降污泥再循环到曝气池中的装置。申请号为WO2015004583A1的专利则研究了一种废水生物脱氮的方法，该方法创新了废水硝化和反硝化的处理工艺，减少了处理过程中产生的亚硝酸盐和N_2O。

对含油废水处理领域该企业发明人专利申请进行排序后发现，该公司的研发人员主要有Prevot、Bernard、Rovel等15人，其中Prevot和Bernard参与了3项专利的研究，主要研究废水生物处理的工艺方法和设备。

5.3 核心专利分析——海上溢油处理技术国内专利分析

为了进一步研究我国海上溢油处理领域的专利发展趋势，本书对中国专利申请数据进行了统计分析。经试检索、检索和人工筛选后，得到密切相关的专利申请2651项。

5.3.1 总体趋势分析

图5.17为海上溢油国内专利的申请情况。从国内申请来看，1987年海上溢油专利开始出现申请。CN1020935C扬伸式伸展臂浮道路设备，一种扬伸式伸展臂浮道路设备，由当时上海市华东化工学院自然申请人申请，可在水面浮油打捞系统中用作浮油快速圈定装置。同年交通部水运科学研究院申请CN1010381B分散水面浮油的组合物，关于一种对多种油品具有良好乳化性能、使用安全、对水生物毒性低、易生物降解、可分散水面浮油的组合物，可用于处理水面和海面浮

油。从1987年到2008年，专利申请量虽有增长，但涨幅缓慢，一直没有突破50件的申请量，说明我国对石油的需要虽一直有所增长，但对溢油回收技术依然没有过多重视，其研究没有形成规模。但是自2009年开始，我国相关领域的专利申请量呈现快速增长的趋势。特别是在2010年有显著的增长，经过进一步分析研究发现，2010年4月发生了美国墨西哥湾原油泄漏事件，此次泄漏事故重大，每天有约1万吨原油泄漏到墨西哥湾，相较于2007年俄罗斯油轮“伏尔加石油139号”发生的3000多吨重油泄漏事件，此次泄漏的原油总量可谓是天文数字，无论对经济还是生态都带来了非常大的危害。2010年7月，我国辽宁大连新港附近中石油的一条输油管道发生爆炸起火，导致部分原油泄漏入海，造成附近海域至少50平方公里的海面被污染。正是由于这两起大的原油泄漏事件引起了国际国内有关领导、专家、学者的高度重视，从而导致了专利申请量的爆发式增长。2010～2017年这段时间，溢油处理专利技术领域一直处于快速发展的阶段。从国内产业的技术生命周期来看，技术正处于快速发展期。

图5.17 海上溢油国内专利的申请情况

5.3.2 主要国内申请人分析

本书选取前10位专利申请人进行分析（见图5.18），前10位申请人申请专利累计449件，占样本专利总量的16.9%，从整体上看，该技术领域的整体研发处于相对分散的态势。同时研究发现苏州贝多环保有限公司和天津汉海环保设备有限公司的相关专利申请量达到了前10位专利申请总量的41.6%，龙头地位的作用凸显。同时从申请人来看，企业申请人有6个，占前10位申请人总量的60%，高校申请人占40%，可见整体技术发展已经到了应用推广阶段。

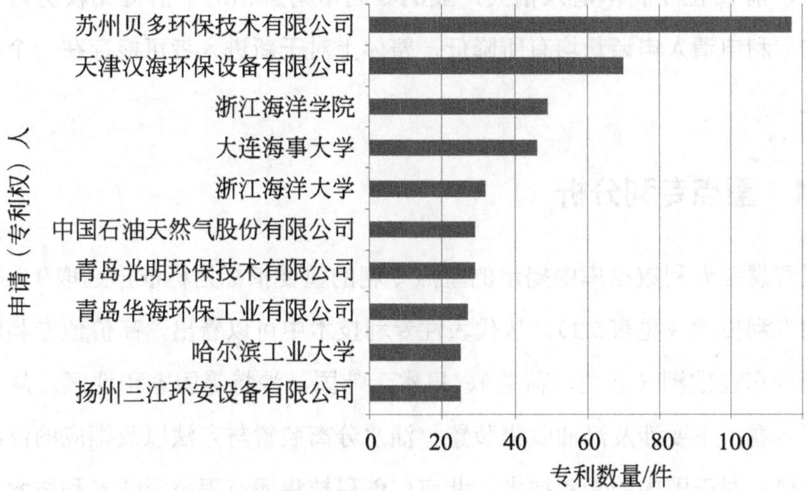

图5.18　排名前10的专利申请人分析

5.3.3　技术活跃度分析

图5-19为前10位专利申请人的技术活跃度分析。从整个技术的活跃度来看，选取前10位专利申请人进行分析，整个专利申请基本上都在2005年以后，专利

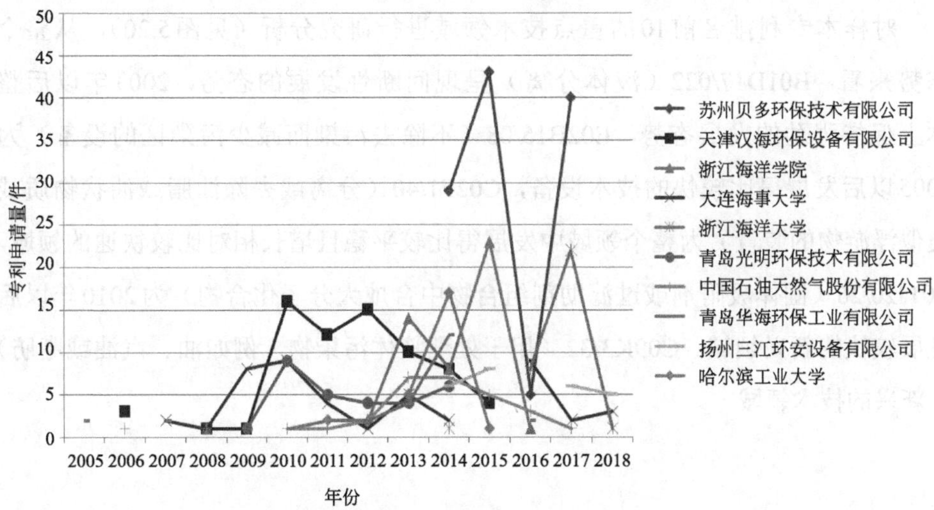

图5.19　前10位专利申请人的技术活跃度分析

申请量的峰值更多出现在2015年左右。比较有代表性的苏州贝多环保技术有限公司，公司专利申请自2014年开始，3年时间迅速突破100件，但整体上看2015年以后，前10位专利申请人相关产业的专利申请量相对下滑得比较厉害。排名靠前的专利申请人申请量均有所降低，整体上对于新进入者可能存在一个明显的市场机会。

5.3.4 重点专利分析

以智慧芽专利数据库中揭示的重点专利的重要指标为标准，选取9件具有代表性的专利技术（见表5.3）。从代表性专利技术中可以看出，高价值专利的申请人主要分布在欧洲（芬兰、荷兰）、日本、韩国、沙特等国家和地区，从专利的技术领域看，主要涉及浮油收集装置、油水分离装置与方法以及相应的浮油吸附处理材料。对于国内的专利技术，北京仁创科技集团有限公司的专利技术在于克服现有技术的浮油收集装置的浮油收集效率较低且不适用于海上的大面积浮油收集的缺陷。南京碧盾环保科技股份有限公司拥有一种油水自动分离并回收装置系统，浮油收集效率较高，适合处理船舶舱底含油污水。

5.3.5 专利布局分析

对样本专利排名前10的重点技术领域进行研究分析（见图5.20），从整个态势来看，B01D17/022（液体分离）呈现间断性发展的态势，2003年以后整体上保持强劲的发展态势，E02B15/08（不除去污染而减少污染区的设备）为2005以后发展得比较快的技术设备，C02F1/40（分离或去除油脂或油状物质或类似浮游物的装置）为整个领域中发展得比较平稳且增长相对比较快速的领域，B01J20/26（固体吸附剂或过滤助剂组合物中合成大分子化合物）为2010年以后发展较快的新兴领域。C09K3/32（用于处理液体污染物，例如油、汽油或脂肪）为新兴的技术领域。

表5.3 海上溢油处理技术国内高价值专利明细表

申请号	标题	申请日	简单同族成员数量	被引次数	当前申请（专利权）人	技术要点
CN201010554391.3	一种油水分离装置和包括该装置的浮油收集系统	2010-11-19	11	21	北京仁创科技集团有限公司	油水分离装置，其中，多孔亲油疏水层的孔直径为300～850μm，孔隙率为10%～40%
CN200880114095.2	油污清理船	2008-10-30	18	19	阿克北极科技公司	油污清理船具有分离结构，当船移动时，该分离结构把在中间船体与侧船体之间从船首移动至船尾的冰块或固定冰推压到水面之下
CN201710013973.2	用于保持大型水体中的水质的系统和方法	2014-12-29	38	3	水晶池（库拉索）有限责任公司	使用简化的经济的过滤系统和脱脂系统，用于保持大的人工挖掘的内陆水体或漂浮的结构中的水质的创新和优化的系统及方法
CN200710020574.5	一种油水自动分离并回收装置	2007-03-13	14	6	南京碧盾环保科技股份有限公司	提供一种能够对航行中的船只的含油舱底污水随时进行有效处理，将含油舱底污水中的油和水分离并分别回收循环再利用的设备
CN201080053782.5	油水分离装置和纯化装置	2010-12-09	9	4	株式会社 IHI	提供油水分离装置，该装置具备：油混合水的供给口和流路

续表

申请号	标题	申请日	简单同族成员数量	被引次数	当前申请（专利权）人	技术要点
CN201180046679.2	流体高度控制系统及其使用方法	2011-09-27	12	10	国际壳牌研究有限公司	一种流体高度控制系统，其包括容纳油和水的结构
CN201380054296.9	有助于吸附石油产品的、脂质涂覆的植物基材料，制备其的工艺及其用途	2013-05-14	9	2	沙特阿拉伯石油公司	涉及制造有助于吸附石油产品的完全可生物降解的、疏水性的、亲油性的植物基材料的方法
CN201280057330.3	具有可转变的超亲油性和超疏油性表面的接枝膜和基材及其应用	2012-09-27	11	29	KING ABDULLAH UNIVERSITY OF SCIENCE AND TECHNOLOGY	在水性介质中表现出疏油性和亲油性可转变的表面改性膜和其他表面改性基材。这些膜和基材可用于各种应用，包括可控的油 / 水分离过程，溢油清除和油 / 水的净化
CN201380009923.7	收集漂浮液体的装置和方法	2013-01-23	11	2	环境思路有限公司	涉及一种用于从较重部分液体中收集较轻部分的漂浮液体（例如从较重部分水中收集较轻部分漂浮油）的装置

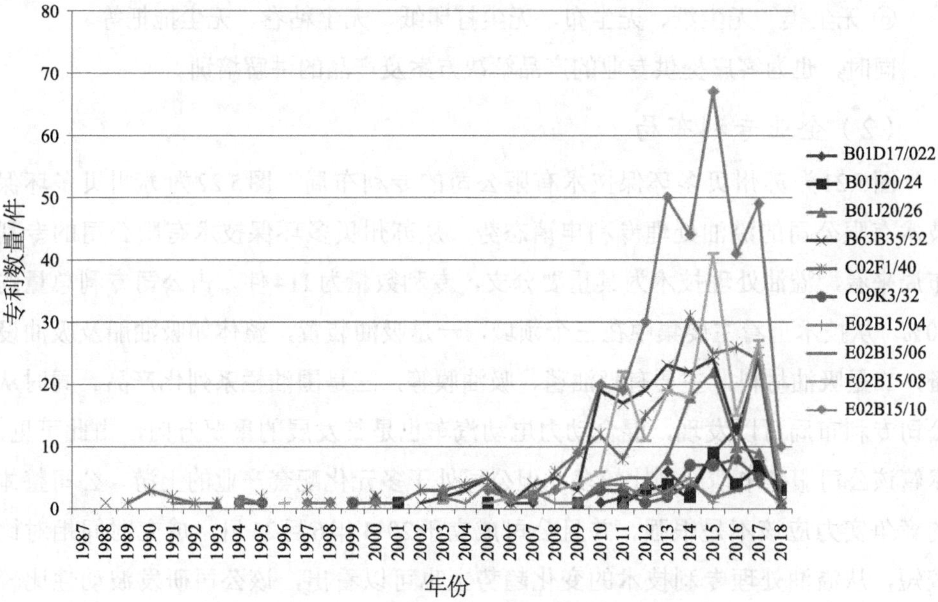

图5.20　排名前10的重点技术领域的发展态势分析

5.3.6　竞争对手分析

5.3.6.1　竞争对手：苏州贝多环保技术有限公司

（1）企业基本情况

苏州贝多环保技术有限公司位于苏州市相城区，致力于为广大客户提供专业的油品化学品泄漏事故预防与控制方案、生产安全防护方案以及擦拭纸、无尘布等产品。主营产品有以下几类：

① 吸油毡、吸油拖栏类　PP.1/PP.2吸油毡、吸油拖栏、吸油片、吸油卷、吸油枕、吸油棒、通用型吸油棉、化学吸液棉；

② 消油剂类　消油剂、PS消油剂喷洒装置、ZS转盘式收油机、QG储油罐等；

③ 围油栏类　WG固体浮子式PVC围油栏、WQ固体浮子式橡胶围油栏、充气围油栏等；

④ 收油设备　收油机、收油网、储油罐、浮动储油囊及其配套设施等；

⑤ 工业擦拭类　擦拭纸、擦拭布等，可代替金佰利、杜邦等公司的多种规格的擦拭纸；

⑥ 无尘类　无尘纸、无尘布、无尘打印纸、无尘粘卷、无尘拖把等。

同时，也为客户提供专业的产品解决方案及产品的讲解培训。

（2）企业专利布局

图5.21为苏州贝多环保技术有限公司的专利布局，图5.22为苏州贝多环保技术有限公司的溢油处理专利申请态势。从苏州贝多环保技术有限公司的专利布局来看，溢油处理技术为其重要分支，专利数量为114件，占公司专利总量的50%。从技术上看主要集中在三个领域，一是吸油装置，整体如吸油船及吸油设备，二是吸油材料，主要有吸油毯、吸油膜等，三是围油栏系列化产品。同时从公司专利布局可以发现，混合动力电动汽车也是其发展的重要方向，由此可见，尽管该公司服务申请专利比较多，但公司处于多元化配套产业的上游，公司整体的竞争实力应该不是很强。并且公司成立于2011年6月21日，成立时间相对比较短，从溢油处理专利技术的变化趋势上也可以看出，该公司研发波动性比较大，特别是2016年，只申请了5件专利，需要进一步关注。

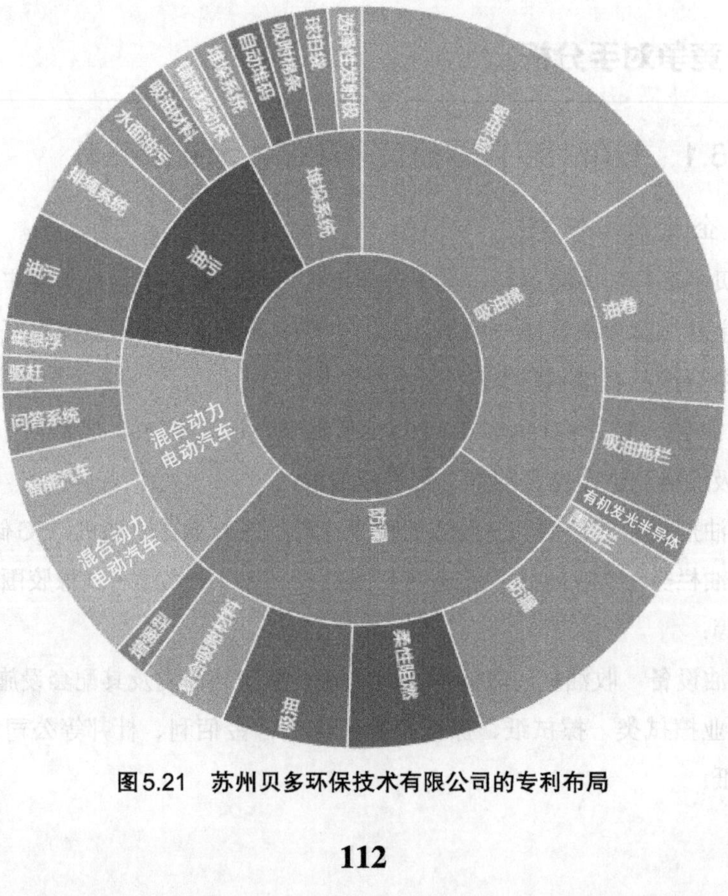

图5.21　苏州贝多环保技术有限公司的专利布局

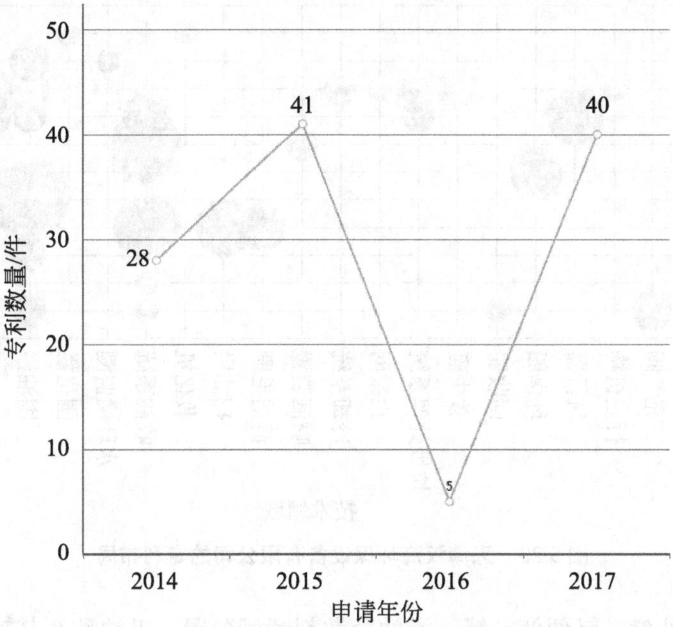

图5.22 苏州贝多环保技术有限公司的溢油处理专利申请态势

5.3.6.2 竞争对手：天津汉海环保设备有限公司

（1）企业基本情况

天津汉海环保设备有限公司（简称汉海公司）坐落于天津市经济技术开发区，是一家节约环保型、高新技术企业，注册资金5000万元人民币，总投资1.15亿元人民币，厂区占地面积3.4万平方米，办公区域占地面积2000平方米，是国内生产溢油回收产品的专业制造商之一。公司成立以来致力于自主研发与生产制造溢油回收设备并提供应急服务，公司拥有本科以上学历的员工占人员总数的70%以上，37%的人员直接从事研究开发工作，具备相关行业多年的从业经验，并配置了用于产品制造、试验和检测的多种专用设备，具备强大的研发、制造、检测、营销和服务能力。2008年5月，汉海公司在美国参加了国际溢油应急大会，与多家国外公司商订了项目合作意向，为汉海产品走向世界奠定了基础。

（2）企业专利布局

从天津汉海环保设备有限公司的专利布局（见图5.23）中可以看出，公司研制出了各种围油栏及配套卷绕架、小型漂浮式收油机和船载溢油回收系统、动力

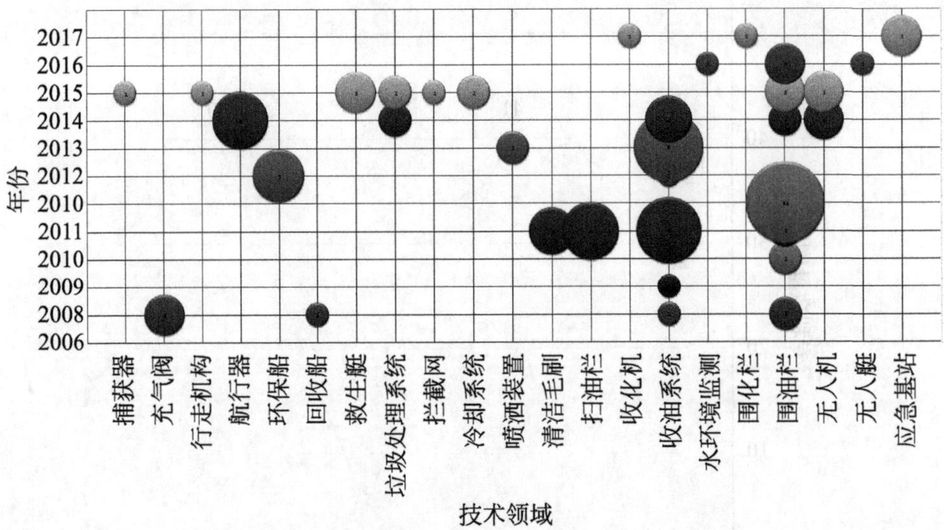

图5.23　天津汉海环保设备有限公司的专利布局

装置、浮动油囊、轻便储油罐、溢油分散剂喷洒装置、吸油毡及其辅助设备等。从整体专利布局情况看，围油栏是重点研发领域之一，涉及发明专利27项，占公司专利总量（101项）的26.7%。

对公司专利申请和布局进行深入分析发现，汉海公司正从溢油处理向海洋巡航监管转型。以2015年为时间点，之前的专利主要集中在溢油的处理，之后的专利更加侧重于无人机等相关技术的巡检和基岸应急系统建设。目前汉海公司已成为国内最早提供海上无人机巡航监管服务的高新技术企业，致力于溢油应急类产品研发、无人机系统集成、航空监视监测、无人艇监视监测、激光夜视成像、电磁信号探测分析设备与软件研发、冰区和水上逃生设备及机器人等产品的研发。

5.4　核心专利分析——海上溢油处理技术国外专利分析

为了进一步研究国外海上溢油处理领域的专利发展趋势，本书对国外专利申请数据进行了统计分析。经试检索、检索和人工筛选后，共检出国外专利1649项。

5.4.1 总体趋势分析

从国外溢油处理技术专利年度申请量来看，1968年海上溢油专利开始出现申请。申请号为DE1484374-C的专利发现将橡胶和疏水试剂混合之后能够移除和吸附水面上的油类物质，并可通过金属网回收；申请号为US3415745-A的专利利用0.01%～3%（质量分数）的叔胺盐作为絮凝剂移除淡水和海水上的矿物油；同年申请号为FR1528000-A的专利制备的多孔塑料粉末能够实现油水分离。

在1970年以前，相关专利一直处于低水平的产出状态，年均专利产出量不足20件，1970～1976年，专利的申请量迎来了第一个小高峰，1988～1995年专利申请量迎来了第二个小高峰，2010～2016年专利申请量进入了新一轮高峰。由图5.24可以看出，国外的溢油处理技术呈现波浪式的发展，相关技术已经比较成熟。

图5.24　海上溢油处理技术国外专利年度申请量分析

图5.25为海上溢油处理技术国外专利申请国家（/组织）的分布情况，由图分析可知，30%的专利来自美国，美国处于专利申请国的首位，其专利数量领先于其他各国家（或组织）。其他主要来源国家/组织，如日本、世界知识产权组织、德国、加拿大紧随其后。

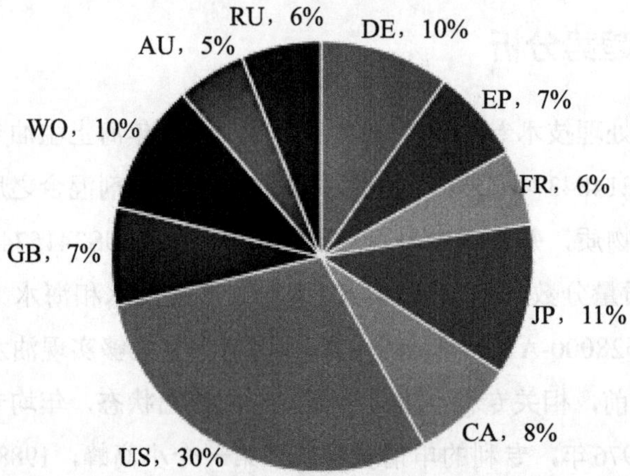

图5.25　溢油处理技术国外专利申请国家/组织分布

5.4.2　主要国外申请人分析

在申请人方面，本书选取10家专利总量排名靠前的单位作为研究对象，从整体上看（图5.26），专利件数共111件，占样本专利总量的6.8%。申请人主要以个人（前两位，分别研究微生物、回收船处理溢油）、石油化学工业公司（埃克森研究与工程公司、法国石油研究院）为主。

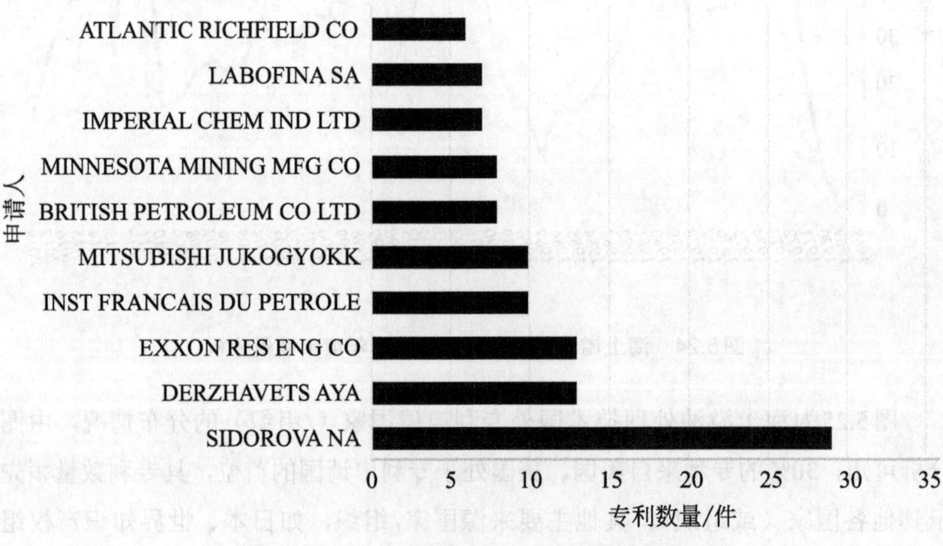

图5.26　溢油处理领域国外专利申请人分析

5.4.3 技术活跃度、重点专利与布局

5.4.3.1 重点技术方向一：围油栏（一种用来封锁和控制溢油大面积扩散和维持油膜厚度以便于溢油回收的装置）

围油栏主要有溢油围控、溢油导流和防止潜在溢油三种作用，具有设备简单、投资小、操作方便等优点。围油栏种类繁多形式各异，但其基本结构大同小异，主要由浮体、裙体、张力带、配重和接头五个部分组成。

1967年，利比里亚籍油轮“Torrey Canyon”号发生世界上第一次大规模海洋溢油事故，1970年开始出现围油栏的专利申请。1989年，“Exxon Valdez”号邮轮在阿拉斯加附近海域触礁，溢出原油3.6×10^{4}吨，以及2010年4月发生的“墨西哥湾事故”促使围油栏专利申请量增加。

从围油栏技术方向国外专利申请国家（/组织）的分布情况（见图5.27）来看，36%的专利来自美国，美国处于专利申请国的首位，其专利受理数量大幅领先于其他各国家/组织；其他主要来源国家/组织，如世界知识产权组织、欧洲专利局、德国紧随其后。

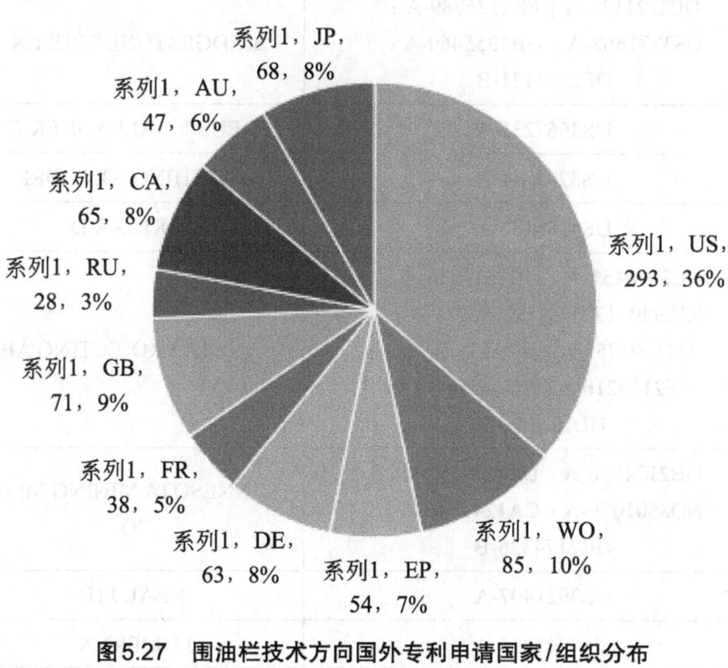

图5.27 围油栏技术方向国外专利申请国家/组织分布

在专利引用方面，被引次数超过30次的专利累计有15项，见表5.4。被引次数最高的是JOHNS-MANVILLE CORP的“一种由浮油吸附剂和纤维材料组成的网状封闭体紧密连接成弧形收集船舶周围浮油的围油栏装置”，被引用102次。

表5.4 溢油处理在围油栏方向高被引专利（被引次数>30）

序号	专利号	申请人	被引次数
1	DE2135936-A；ZA7104435-A；FR2101764-A；US3739913-A	JOHNS-MANVILLE CORP	102
2	US5165821-A；WO9304236-A1；EP593677-A1；NO9400573-A；JP6510096-W；EP593677-B1；DE69201444-E；AU657449-B	MINNESOTA MINING & MFG CO	58
3	US3700108-A	RICHARDS FA	57
4	US4366067-A；CA1208569-A	GOLDING G R	54
5	US3702657-A	ESSO PRODN RES CO	48
6	US3726406-A；CA962957-A	DAMBERGER C	44
7	US5197821-A	SPILL MANAGEMENT INC	36
8	DE2221121-A；FR2136789-A；US3771662-A；GB1355460-A；DE2221121-B	BRIDGESTONE TIRE KK	36
9	US3667235-A	PREUS P GALLAGHER JJ	36
10	US3703811-A	WORTHINGTON CORP	35
11	US4388188-A	MORRIS R D	33
12	NL7104451-A；GB1314636-A；CA940317-A；US3798911-A；US3901753-A；SU473372-A；DE2115216-B；SU645547-A；NL162441-B	SANERA PROJECTING AB	33
13	GB2174336-A；US4619553-A；NO8601079-A；CA1241846-A；GB2174336-B	MINNESOTA MINING MFG CO	31
14	US3921407-A	NEAL J H	31
15	US3847816-A	J DIPERNA	31

表5.5列出了围油栏方向的10项代表性专利，下面对这些专利进行深入分析。

① 申请号为US5165821-A的专利发明了一种边围边吸附的围油栏，既可吸油也可作为浮油屏障。亲油疏水的微纤维吸油层包覆在漂浮体外侧，漂浮体由聚合物泡沫螺旋缠绕形成，坚固耐磨的固定层包覆在吸油层外侧，连接件安装在固定层两侧。该专利的新颖之处在于围油栏可实现围油和吸油两种功能，并且在吸附大量油的同时不会有明显的干舷损失。

② 申请号为US4366067-A的专利发明了一种带浮油回收功能的围油栏。用平纹细布、棉布或者聚乙烯网做成袋子并填充聚异氰脲酸酯泡沫，可以用于吸收水面溢油。因为聚异氰脲酸酯泡沫的疏水性优于聚氨酯泡沫，所以围油栏在吸油的同时不会吸收大量的水，被吸收的油可以通过简单的挤压操作进行回收。

③ 申请号为US3702657-A的专利通过改进围油栏裙体结构，防止油从裙体连接间隙泄漏。裙体的两个垂直的吸油浮力穿孔板允许水通过，这些板的重量被加重以便部分浸没，再用不透液体的柔性膜将相邻的板连接起来，提高围油栏的

表5.5 溢油处理技术在围油栏方向的重要专利

序号	专利号	申请年份	被引次数	保护地区	技术领域
1	US5165821-A	1991	58	US、WO、EP、NO、JP、EP、DE、AU	一种边围边吸附的围油栏
2	US4366067-A	1983	54	US、CA	一种带浮油回收功能的围油栏
3	US3702657-A	1972	48	US	一种提高围油栏围控效果的装置
4	US5197821-A	1993	36	US	一种自充气式急用型围油栏
5	GB2174336-A	1986	31	GB、US、CA、NO	一种防火围油栏
6	US3921407-A	1975	31	US	一种抗倒覆围油栏
7	US5885451-A	1999	26	US	一种浮式轻质围油栏
8	EP608883-A1	1994	22	EP、CA、US、JP、DE、ES、MX、KR	一种迅速吸油的围油栏
9	US4652173-A	1987	20	US	一种可折叠自动充气的围油栏
10	US3973406-A	1976	19	US	一种自动扶正的浮式围油栏

围控效果。

④ 申请号为US5197821-A的专利发明了一种结构简单、方便加工、组合可靠的自充气式轻质急用型围油栏。其含有的气室可以通过自充气浮室充气，水室可以通过水或者海水充气。可实现高效布防，防止溢油导致的水面污染。

⑤ 申请号为GB2174336-A的专利发明了除保护套之外全部采用耐高温材料的耐火围油栏，采用的陶瓷类材料，能够经受温度高达955～1200℃的油火，能够围住溢油，限定溢油的焚烧区域，而且在溢油焚烧结束之后仍然能保持正常的围油栏功能。

⑥ 申请号为US3921407-A的专利设计的裙带上的漏油限制臂由透水不透油的材料和大量间隔开的中空、刚性翼梁构成。每个翼梁的上部区域都包含浮力材料，下部区域穿孔加重，因此它能够在水环境中自动扶正，垂直漂浮，具有抗倒覆的性能。

⑦ 申请号为US5885451-A的专利发明了一种浮式轻质围油栏，用于吸收、回收水不溶性液体，如石油产品、燃料、油类等。因为设备比水轻能够漂浮，溢出物收集材料不会沉到底部，降低了在更大区域散布溢油的风险。

⑧ 申请号为EP608883-A1的专利发明了一种可迅速吸油的围油栏。多个相邻的微纤维吸附材料相互缠结黏合成椭圆形的弹性细长悬臂，可成形以适应特定区域，可以快速吸收水面上的漏油并且具有很高容纳油的能力，在吸附液体之后，吸附材料并没有移位、凹陷或者被压实。

⑨ 申请号为US4652173-A的专利发明了一种可折叠自动充气的围油栏。吊杆由柔性材料组成，上部为管状结构连接柔性压载装置，围油栏的间隔浮子允许空气通过，当围油栏从收缩状态转变为拉伸状态时允许空气吸入管状结构内部，使围油栏上部漂浮在水中。这种可折叠的围油栏装置能够紧凑地存放，快速地展开和延伸，并且延伸期间吊杆自动充气无须额外的气压设备。

⑩ 申请号为US3973406-A的专利设计了一种浮动式围油栏吊杆，包含一个柔性垂直隔离带及其一侧承载的纵向间隔框架，每个框架可绕垂直轴线相对于柔性带旋转，并支撑相应的浮子，框架结构能够使柔性带处于垂直半潜的状态。该专利的新颖之处在于框架结构和浮子的枢转安装使吊杆自动扶正，并允许吊杆通过狭窄的通道。

5.4.3.2 重点技术方向二：溢油回收器/船（溢油回收的专用装置）

溢油回收器/船是对溢油污染事故进行有效控制和快速处置的重要工具，主要实现水上溢油应急指挥、围控、回收和储存等功能，其具有良好的操纵性和高效的污染物回收效率。溢油回收船主要由船体、船体驱动系统、溢油应急指挥系统、漂浮垃圾打捞系统、溢油聚拢系统、溢油回收系统、油水分离系统等组成，可实现在最短时间内迅速赶到溢油污染事故现场，并进行不同黏度和不同厚度的溢油、漂浮垃圾的高效回收和临时储存。

20世纪90年代国际上溢油回收器/船方向的专利申请数量较多，这一阶段是溢油回收装置技术较为活跃的阶段。之后的十年间，专利申请数量较少，直到2011年专利申请数量才又有了一定的增长，对溢油回收器/船等海上溢油回收装置的研究又重新得到了人们的关注。但每年溢油回收器/船方向的专利申请数量并不大。

从回收器/船在海上溢油方向国外专利申请国家/组织的分布情况（见图5.28）来看，34%的国外专利来自美国，美国处于专利申请国的首位，其专利受理数量大幅领先于其他各国家/组织；其他主要来源国家/组织，如德国、世界知识产权组织、英国、日本紧随其后。

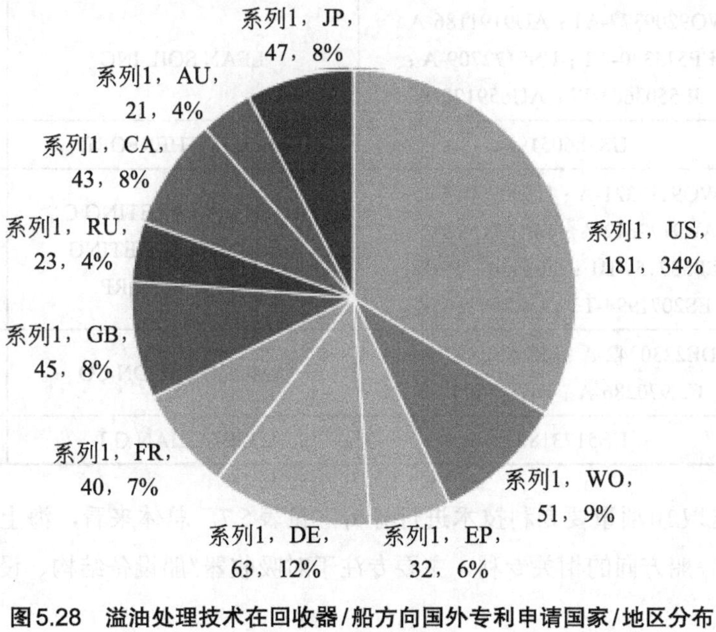

图5.28 溢油处理技术在回收器/船方向国外专利申请国家/地区分布

在专利引用方面，被引次数超过30次的专利累计有15项，见表5.6。

表5.6　溢油处理在回收器/船方向高被引专利（被引次数>30）

序号	专利号	申请人	被引次数
1	US4132645-A	SUN OIL CO PENNSYLVANIA	58
2	US3700108-A	RICHARDS FA	57
3	WO9744279-A1；AU9732919-A；US5863440-A；US6143172-A	RINK G R；ROSANIA RL；SMITH DR；JOHNSON T C；HEGEMAN J R；ALLEN P A；ABTECH IND INC	51
4	WO9526223-A1；US5484521-A；US5622621-A	UNITED TECHNOLOGIES CORP	51
5	US3578171-A	USHER D	51
6	US4663037-A；CA1239868-A	BRESLIN M K	47
7	US3966614-A	SHELL OIL CO	44
8	US3726406-A；CA962957-A	DAMBERGER C	44
9	US4039717-A	SHELL OIL CO	42
10	US4851133-A；GB2219947-A；GB2219947-B；CA1331347-C	RYMAL T R	41
11	WO9209377-A1；AU9191186-A；EP513340-A1；US5172709-A；JP5503663-W；AU659120-B	LEAN SOIL INC	40
12	US3860519-A	D J WEATHERFORD	35
13	WO9117321-A；US5075014-A；AU9177612-A；EP537159-A1；EP537159-B1；DE69107457-E；ES2071994-T3；CA2082165-C	IMC-INT MARKETING C；IMC-INTMARKETING CANADA CORP	34
14	DE2230942-A；US3850807-A；CA970286-A；DE2230942-B	AMOCO PRODN CO	32
15	US5173182-A	DEBELLIAN G J	31

本书选取10项重要专利技术进行分析，见表5.7。总体来看，海上溢油处理领域回收器/船方向的相关专利，主要专注于对吸收器/船设备结构、设备系统的研究和创新。

表5.7 溢油处理技术在围油栏方向的重要专利

序号	专利号	申请人	公开年份	被引次数
1	JP2000117249-A US6251286-B1	GORE D J；DOUGLAS ENG DIV US HYDREX INC	2000 2001	15
2	US5792350-A	OSR SYSTEMS LTD	1998	14
3	JP2003126851-A JP3640070-B2	NIPPON CLEAN OIL KK	2003 2005	12
4	US6609853-B1	GUILMETTE P	2003	11
5	WO2006113784-A2 US2006266694-A1 WO2006113784-A3 EP1874445-A2 US7410577-B2 CA2620300-A1 CA2747865-A1 CA2747959-A1 CA2620300-C CA2747865-C CA2747959-C EP2656906-A1 EP1874445-B1 EP2656906-B1 ES2531755-T3 ES2531906-T3 EP1874445-A4	UNIV CALIFORNIA；BROJE V	2006 2006 2007 2008 2008 2006 2006 2006 2012 2012 2013 2013 2014 2014 2015 2015 2010	9
6	WO2009023032-A2 US2009044546-A1 US2009044840-A1 US2009044841-A1 US2009044842-A1 US2009045115-A1 US2009045117-A1 US2009045118-A1 US2009045123-A1 US2009045148-A1 US7585410-B2 US7597799-B2 US7597800-B2	DE STRULLE R	2009 2009 2009 2009 2009 2009 2009 2009 2009 2009 2009 2009 2009	8

续表

序号	专利号	申请人	公开年份	被引次数
6	US7601257-B2； US7604732-B2 WO2009023032-A3 US7645378-B2 US7658856-B2 US2010043487-A1 US7674373-B2 EP2190598-A2 US2010287980-A1 US7914672-B2 US8080164-B2	DE STRULLE R	2009 2009 2009 2010 2010 2010 2010 2010 2010 2011 2011	8
7	US2004045912-A1 US6709587-B1	GUILMETTE P L	2004 2004	8
8	JP11171085-A	TOYO KENSETSU KK； HITACHI ZOSEN CORP	1999	8
9	WO200290666-A2 AU2002303056-A1 US2004182794-A1 EP1579078-A2 WO200290666-A3 AU2002303056-A8 US7445719-B2 US2009045142-A1 EP1579078-B1 DE60231923-E ES2324901-T3 US7807059-B2	INOVACOR AB； LUNDBACK S； JOHNSON J； SURFCLEANER AB	2002 2002 2004 2005 2007 2008 2008 2009 2009 2009 2009 2010	7
10	FR2804979-A1	MARIN J A	2001	6

① DOUGLAS公司（JP2000117249-A、US6251286-B1）提供了一种浮动式浮渣清除机的处理和控制方法，用于在分离槽、集水槽、浮动分离器等中自动地从水面上除去油等悬浮物。通过控制器接收的有关液位水平、工作状态等信息，控制水体内的清除机。

② OSR SYSTEMS有限公司（US5792350-A）设计了包括撇渣器、控制器、水泵和油泵在内的撇渣器系统。控制器用于接收从撇油器输入的信号，当控制器

发出信号时，水泵在水池底部附近的位置从撇渣器中取水，油泵在水池上部的位置从撇渣器中取出石油衍生物。

③ 日本的CLEAN OIL株式会社（JP2003126851-A、JP3640070-B2）使用悬浮泵通过撇渣器提取并提供油水混合物到分离器。撇渣器可以控制混合物的流速，并将其供应给带过滤器的分离器。吸附过滤器内部的多孔活性炭可以吸收混合物中的油，防止吸收的油回流，然后使用袋式过滤器进一步纯化处理过的水以除去剩余的油，收集并排出净化水。

④ GUILMETTE P（US6609853-B1）设计了一种在水面上容纳油的回收装置，其外壳具有顶部开口、底部开口和脊梁，其中顶部开口的面积小于底部开口的面积。将装置的底部开口定位在液体表面和漂浮物之上，然后将装置底部部署到液体中使得漂浮物围绕在回收装置的外壳周围，最后将装置定位在收集位置，迫使环绕在底部开口周围的漂浮物进入顶部开口的较小区域，从而便于收集漂浮物。

⑤ 美国加利福尼亚大学的BROJE V（WO2006113784-A2）设计了用于回收黏性流体的撇油器，具有若干凹槽的图案化的表面构造用于收集和保持与表面接触的黏性流体。该设备提高了溢油或任何其他黏性流体的回收效率；增加了与待回收黏性流体的接触面积和回收流体的体积。

⑥ DE STRULLE R（WO2009023032-A2）设计了用于回收不混溶污染物的系统，包括用于提供冷凝相低温流体的低温流体源和连接到流体源的低温流体输送结构以及用在暴露于低温流体之后捕获一些不混溶的污染物的收集器等。

⑦ GUILMETTE P L（US2004045912-A1）设计了一种收集溢油的装置，包括具有吸入口的第一接收盘和具有吸入口和排出口的泵。泵的吸入口以液体流动连通的方式连接到接收盘的吸入口，用于从第一接收盘移除收集的液体。

⑧ 日本TOYO KENSETSU株式会社和HITACHI ZOSEN公司（JP11171085-A）联合设计了用于收集海上溢油的撇油器，具有浮子的撇油器漂浮在船体中央形成的通道中。带有软管的泵安装在撇油器的后面。泵的软管连接油收集容器。

⑨ INOVACOR AB（WO200290666-A2）设计了一种收集密度低于水的污染物的装置。密度低于水的污染物由水的表面层承载流入并通过带顶壁的分离隔室。通过重量分析流入的表面层夹带的污染物，并监测收集容器重量的变化。

⑩ MARIN J A（FR2804979-A1）设计了一种可以连续循环排水的浮油回收

装置。两个气缸通过旋转驱动并牵引在两个导管内部的圆形排水管。排水管包括通过连接器连接在一起的若干部分，在一个闭合的回路中移动。该系统的优势在于即使在波涛汹涌的海面也可以运行，避免了储存大量的含油水。

5.4.3.3 重点技术方向三：吸油材料（主要采用吸油性能良好的亲油材料进行溢油处理）

制作吸油材料的原料有高分子聚合物、无机材料和无机-有机杂化材料等。在高分子聚合物方面，用得比较多的是由聚丙烯或聚亚安酯做的人工合成吸收剂，它的抗水性能和亲油性能都较好，但是使用后不能生物降解。此外，很多天然吸收剂，如棉花、木棉和麦秆等，都已被广泛研究。比起人工吸收剂，这些天然材料都有很好的吸收能力，但是它们也会吸收水分，因此，对这些材料进行疏水改性是该方向的研究重点。

从吸油材料方向国外专利的申请国家/组织分布情况（见图5.29）来看，26%的国外专利来自美国，美国处于专利申请国的首位，其专利受理数量大幅领先于其他各国家/组织；其次是日本，专利数量占比16%，列于第二位；其他主要来源国家/组织，如世界知识产权组织、德国、欧洲专利局紧随其后。

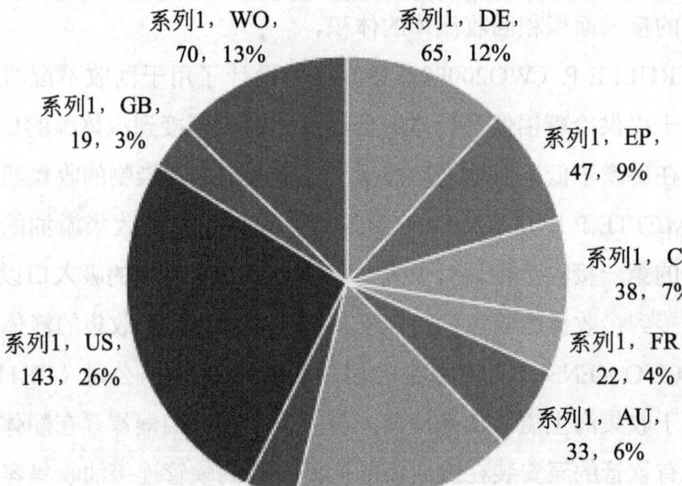

图5.29 吸油材料方向国外专利的申请国家/组织分布

在专利引用方面，被引次数大于等于40次的专利累计有10项，见表5.8。

表5.8 溢油处理在吸油材料方向高被引专利（被引次数≥40）

序号	专利号	申请人	被引次数
1	DE2135936-A；ZA7104435-A；FR2101764-A；US3739913-A	JOHNS-MANVILLE CORP	102
2	WO9942405-A1；AU9928690-A；US6106707-A；EP1073610-A1；US6231758-B1；JP2002503552-W；AU751991-B；EP1073610-B1；DE69940667-E；CA2321108-C；JP4470133-B2；EP1073610-A4	ABTECH IND INC	100
3	US4737394-A；EP295911-A；BR8802920-A；JP1006082-A；EP295911-B1；DE3884066-G；CA1324582-C；JP2756469-B2	DU PONT DE NEMOURS & CO E I	84
4	US5165821-A；WO9304236-A1；AU9224260-A；EP593677-A1；NO9400573-A；JP6510096-W；EP593677-B1；DE69201444-E；AU657449-B	MINNESOTA MINING & MFG CO	58
5	EP94363-A；AU8314365-A；SE8202932-A；JP58210979-A；BR8302400-A；US4537877-A；CA1208621-A	PAPYRUS KOPPARFORS	58
6	US5352780-A	ECOSORB INT INC	53
7	EP39522-A；NL8002562-A；NO8101455-A；JP56168834-A；NL169828-B；ZA8102827-A；US4374794-A；EP39522-B；DE3160134-G；CA1149657-A；JP91061490-B	KOK C J M	52
8	EP433221-A；CA2031788-A；US5100600-A；EP433221-B1；CA2031788-C；DE59002097-G	KELLER F	49
9	DE2150591-A；NL7113938-A；FR2111239-A；US3708982-A；CA948865-A；US28966-E	OCEAN SYSTEMS INC	43
10	US4925343-A；EP414382-A	RAIBLE R L	40

本书选取10项专利技术为重点专利进行分析，见表5.9。溢油处理领域吸油材料方向的相关专利的创新点主要集中在两个方向，其中一个方向是使用天然吸油材料。

SILVA T V（US6391120-B1）通过在固体表面上负载具有特定颗粒尺寸的椰子壳纤维作为吸收介质来吸收石油基溢油。椰子壳纤维是百分百可生物降解且无毒的，因此可以用它吸收漂浮在水上的油、溶剂和其他油性物质而不会对水体造成二次污染。RAYBIF IND公司（US7655149-B1）利用红麻球或红麻纤维块吸收陆地或水上的溢油区域的油或其他有机液体。BEPS公司（WO200053851-A1）设计了由棉麻织物和人发组成的吸收装置，该设备与浮油最大限度地接触，没有外壳或容器，增加了油与头发的接触面积，而且人发的使用没有不利的环境影响或副作用。这些制备的材料都倾向于天然无污染，在溢油的收集和处理过程中不会再增加新的污染和危害。

吸油材料用于溢油处理的另一个方向是制备一些具有吸油能力的复合材料。例如，Porrovecchio等人（US5885451-A）在悬臂上安装具有亲油疏水组合特性的饱和纤维覆盖物和内填充物，使之悬浮在水上用于吸收、承载漂浮在水面上的油污。由于该设备比水轻，因此可在水上漂浮，溢油吸收材料不会沉入水下，降低了水面溢油污染更深海域的风险，比洗涤和使用蒸汽清洁岩石等方法更节约时间和成本，更有效且可靠。

印度科学与工业理事会（WO2015044964-A1）制备了封端的磁性纳米颗粒和吸附剂按照一定比例混合的纳米复合材料，用于从反应产物中分离催化剂、从水中除去油（煤油/柴油/汽油）等。

CELLECT PLASTICS LLC公司（US2011287929-A1）制备了低密度聚乙烯和乙烯-丙烯酸烷基酯共聚物的开孔泡沫混合物，用于清除和回收漂浮在水体表面或陆地上的浮油或溢出物。

KINECTRICS公司的Gonzales等人（US2005082230-A1）发明了具有吸油材料层和覆盖吸油材料层的阻燃材料的溢油容纳系统。

ABTECH IND公司（US6541569-B1）制备了苯乙烯-丁二烯-苯乙烯（SBS）、苯乙烯-丁二烯（SB）或苯乙烯-异戊二烯-苯乙烯（SIS）嵌段共聚物颗粒和与嵌段共聚物形成的乙烯-丙烯（EPR）共聚物，用于收集和回收水中的类烃污染物。

表5.9 溢油处理技术在吸油材料方向的重要专利

序号	专利号	申请人	公开年份	被引次数
1	US6391120-B1	SILVA T V	2002	30
2	US5885451-A	PORROVECCHIO D J	1999	26
3	WO2015044964-A1 IN201302891-I1 US2016243523-A1	COUNCIL SCI&IND RES INDIA	2015 2016 2016	19
4	US2011287929-A1 WO2011146656-A1 EP2571928-A1 US8853289-B2 EP2571928-A4	CELLECT PLASTICS LLC； SMITH S C； CELLECT TECHNOLOGIES LLC； OPFLEX SOLUTIONS INC； OPFLEX TECHNOLOGIES LLC	2011 2011 2013 2014 2014	12
5	US2005082230-A1 CA2485279-A1 WO2005037536-A1 GB2422804-A DE112004002003-T5 MX2006004450-A1 GB2422804-B JP2007515351-W US7527738-B2 CA2485279-C	GONZALES L A； SIM B F；TSANG R H K； MLYNARCZYK A Z； KINECTRICS INC	2005 2005 2005 2006 2006 2006 2007 2007 2009 2015	12
6	US6541569-B1	ABTECH IND INC	2003	12
7	US5948253-A	HEARN P	1999	11
8	WO2008058401-A1 CA2669487-A1 US2009250399-A1 US7850855-B2 MX2009005232-A1 MX292427-B	ENGINEERED DRILLING SOLUTIONS INC；POMERLEAU D G； GIBBS K W	2008 2008 2009 2010 2010 2011	8
9	US7655149-B1	RAYBIF IND INC	2010	6
10	WO200053851-A1 US6146529-A AU200040066-A	BEPS INC	2000 2000 2000	5

HEARN P（US5948253-A）发明了一个带入口和出口的过滤器。壳体内是不同的过滤材料层，第一层和第三层是一种疏水且能吸收烃类化合物的材料；第二层是疏水性材料和刚性颗粒的混合物。用于去除水中的烃类化合物，特别是船上的舱底水，以及工业厂房、石油和燃料储存设施等环境中的烃类化合物，还可用于处理海洋石油泄漏形成的油水混合物。其特点是当介质吸收油时，背压增加，从而增加水在过滤器中的停留时间，提高了吸收性能。

ENGINEERED DRILLING SOLUTIONS公司的Pomerleau等人（WO2008058401-A1）利用再生橡胶碎屑和废沥青颗粒混合，有效地吸收不同表面的烃类化合物。

5.4.3.4 重点技术方向四：化学法溢油处理技术

溢油也常采用化学法进行处理，化学法中常用的物质是磁性流体、絮凝剂、分散剂和凝油剂。溢油分散剂是一种使油快速乳化分散在水中的化学试剂，其主要成分是表面活性剂，表面活性剂的亲油和亲水基团对油和水都产生亲和力，改变油水界面间的作用并极大地降低油膜的表面张力。经分散剂乳化的油滴随着水体的扩散增加了溢油和海水的接触面积，从而提高了溢油的降解效率。溢油分散剂适用于溢油面积较大的海域及黏度较低溢油的处理。

凝油剂的种类很多，不同的凝油剂作用机理也不同。目前的凝油剂大部分属于交联凝油剂，交联凝油剂的原理是，依靠烃之间的化学键来凝固原油，该过程中会发生化学反应，反应过程中会释放或者吸收少量的热量，热量的多少与使用的凝油剂种类有关。使用交联凝油剂之后，凝油剂与油混合会形成锯齿状交联键，从而使油凝固。但是对于厚度较大的原油，交联凝油剂通常只能与表面的油反应，大多数凝油剂不能迅速进入底部与下层的油进行反应。蛋白质改性物、脂肪酸衍生物等凝油剂是利用其分子中的非极性基团吸附油类物质，而极性基团羟基、羧基则通过氢键、范德华力作用交联在一起形成半固态物质，氨基酸衍生物、脂肪酸类、酰胺类、山梨糖醇衍生物等都属于氢键交联型凝油剂。还有一种凝油的方法是将一些沸点较高的物质如石蜡、地蜡等加热熔化后喷洒到溢油上，与溢油进行混合，改变原油的凝固点，冷却之后使之变成固体，然后进行打捞。

化学法应用于溢油处理开始于1968年，1976年之前专利申请量呈上升趋势，之后专利申请量保持基本稳定。结合专利技术的发展历程可以看出，1972年之前，化学法处理溢油的相关专利处于萌芽阶段，1972年之后化学法处理溢油的专利技术进入成长阶段并稳定发展。

图5.30为化学法处理溢油国外专利的申请国家/组织的分布情况。由图可知，26%的专利来自美国，美国处于专利申请国的首位，其他主要来源国家/组织，如日本、世界知识产权组织、德国紧随其后。

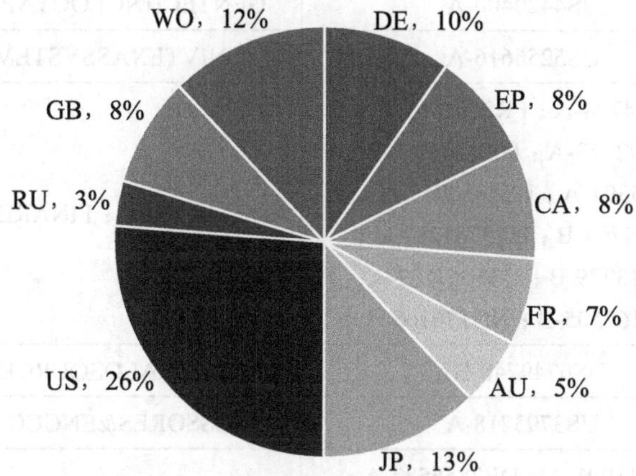

图5.30 化学法处理溢油国外专利的申请国家/地区分布

该技术方向专利申请数量最多的是埃克森石油公司（EXXON RES ENG CO），共申请13件，其专利主要集中在用分散剂分散水面上的浮油、重质蜡质原油、树脂等。从申请专利数量的排名情况来看，该领域的主要申请人以企业为主，说明用化学法处理溢油的技术已经比较成熟，大量的产品被生产销售到市场。

在专利引用方面，被引次数大于等于20的专利累计有15项，见表5.10。被引次数最高的是AVCO公司的“磁性流体处理浮油”（专利号：US3635819-A），被引用了69次。

表5.10 化学法处理溢油高被引专利（被引次数≥20）

序号	专利号	申请人	被引次数
1	DE2129713-A；US3635819-A；JP47000866-A；FR2097879-A；US3700595-A；GB1361004-A；CA970553-A	AVCO CORP	69
2	DE2336398-A；ZA7304763-A；FR2209989-A；JP49084998-A；US3843540-A；GB1439031-A；CA995093-A	KHALAFALLASE	56

续表

序号	专利号	申请人	被引次数
3	US3764540-A	USSECOFINTERIOR	49
4	US5194161-A	UNIVTEXASSYSTEM	33
5	US4420400-A	GENTECHNOLOGYAPPL	32
6	US5256616-A	UNIVTEXASSYSTEM	29
7	EP254704-A；FR2601885-A；NO8702873-A；DK8703840-A；PT85391-A；US4830759-A；EP254704-B；DE3761287-G；ES2013779-B；US5051192-A；DK166505-B；NO176165-B	LABOFINASA；FINARESSA	29
8	US6749748-B1	VANSONHALOSOURCEINC	26
9	US3793218-A	ESSORES&ENGCO	26
10	GB2011901-A；DE2856587-A；JP54103808-A；FR2416222-A；US4266080-A；CA1102804-A；GB2011901-B；JP87059697-B；DE2856587-C	FALKRA；MUELLERKF	25
11	US4469603-A	COSDENTECHNOLOGYINC	24
12	WO9325480-A1；AU9345281-A；US5342525-A；EP644856-A1；EP644856-A4；AU669547-B；CA2136628-C	ROWSELLFD	20
13	US4911736-A	STANDARDOILCOOHIO	20
14	US4560482-A	EXXONRES&ENGCO	20
15	US4146470-A	EXXONRES&ENGCO	20

表5.11列出了化学法处理溢油的重要技术专利。从表中可以看出，化学法处理溢油的专利主要集中在磁性流体、溢油凝油剂、溢油分散剂和溢油絮凝剂四个方面。

① 在磁性流体方面，申请号为US3635819-A的专利发现以C_9～C_{21}的脂肪烃或者C_7～C_{18}的环烷烃作为分散剂的磁性流体可与油而不与水混合，在磁性流体中加入油水混合液时，油被磁性流体吸附并停留在磁场区，实现油和水的分

表5.11 化学法处理溢油重要技术专利

序号	专利号	申请年份	被引次数	保护区域	技术领域
1	US3635819-A	1972	69	DE、US、JP、FR、GB、CA	磁性流体应用于溢油处理
2	US4420400-A	1984	32	US	低温粉碎聚合物浆液固化原油
3	EP254704-A	1988	29	EP、FR、NO、DK、PT、US、DE、ES	溢油分散剂
4	US4560482-A	1986	20	US	凝胶状溢油分散剂
5	US5725805-A	1998	15	US	低温溢油絮凝剂
6	US2005139550-A1	2005	11	US	磁性流体回收水中溢油
7	US6194473-B1	2001	11	US、WO、NO、EP、DE、CA	高效溢油分散剂
8	US5176831-A	1993	10	US	溢油絮凝剂
9	US5112495-A	1992	10	US	溢油蜡质固化剂
10	WO2005115603-A2	2006	3	WO	固体溢油分散剂

离。申请号为US2005139550-A1的专利利用黏附在铁颗粒表面有机物的亲油链段与水中的溢油反应，对磁流变液施加磁力，实现溢油和磁性流体的回收。该专利技术的优点是有巨大的溢油回收潜力，能够重复使用。

② 在溢油凝油剂方面，申请号为US4420400-A的专利发现将低温粉碎聚合物浆液和原油混合能够将原油快速转化为固体或者半固体状态，因此能够快速清除泄漏的油类物质。申请号为US5112495-A的专利将熔化的蜡质喷洒在覆盖着溢油的表面，冷却后蜡包含着溢油一起固化，然后打捞出水面，之后通过加热的方法实现蜡质的重复利用。该方法的新颖之处在于能够经济、快速、高效地除去溢油，夹带溢油的固化蜡对人类和野生动物无危害。

③ 在溢油分散剂方面，有大量的专利集中于研发液体分散剂和固体分散剂以实现无毒、高效地分散水面溢油。申请号为EP254704-A的专利发明了能够分散溢油的分散剂，组成成分包含55.65%（质量分数）的脱水山梨糖醇单油酸酯和脱水山梨糖醇单油酸酯的乙氧基化物（A）、脱水山梨糖醇三油酸酯和脱水山

梨糖醇三油酸酯的乙氧基化物（B），以及44.35%（质量分数）的二辛基磺基琥珀酸钠。该分散剂的新颖之处在于含有较高含量的表面活性剂，能够快速永久地起到分散作用，对于平静或者波涛汹涌的海洋都有效，不依赖于HLB的临界值，并且该分散剂无毒、可生物降解、可低成本地生产。

申请号为US6194473-B1的专利发明了一种经济、对环境安全的溢油分散剂，其组成为C_{10}～C_{20}脂肪族单羧酸的脱水山梨糖醇单酯、脱水山梨糖醇单酯的聚氧乙烯加合物、二烷基磺基琥珀酸的碱金属盐、脱水山梨糖醇的聚氧乙烯加合物三酯（或C_{10}～C_{20}脂肪族单羧酸的山梨糖醇六酯）、二醇醚溶剂、二价无机盐。少量此分散剂便可以有效分散海水和淡水中的重油，这是一种经济、对环境安全的溢油分散剂。

申请号为US4560482-A的专利发明了由非离子表面活性剂（乙氧基化脱水山梨糖醇脂肪酸酯）、聚合物（如聚异丁烯、乙烯-丙烯共聚物、聚二甲基硅氧烷、聚环氧丙烷等）和石油（如S600N）按一定比例组合而成的黏性凝胶状分散剂。与传统的流体分散剂相比，其优势在于可以黏附在溢油表面并逐渐渗透到油水界面。

申请号为WO2005115603-A2的专利发明了一种固体溢油分散剂，其为基质和分散剂组成的固体颗粒，能够与水面上的油接触分散部分溢油。该技术的新颖之处在于固体分散剂比水轻，分散剂在基质内倾向于直接与油接触，更加有效地分散高黏度溢油。

④ 在溢油絮凝剂方面的专利主要通过有机黏土实现溢油絮凝，然后进行回收。申请号为US5176831-A的专利研发了一种由蒙脱石黏土和胺类物质反应制得的絮凝剂，将其加入水中促进油类形成类固体有机黏土油絮凝块，絮凝块漂浮在水中以便回收溢油。申请号为US5725805-A的专利研发了一种溢油絮凝剂的混合物，可以作为低温溢油修复剂。混合物包含蒙脱石黏土和一种或多种季铵化合物反应制得的一种或多种有机黏土、废纸，有机黏土和纤维材料（如废纸）的混合物增强了混合物的聚集性能，从而迅速有效地修复石油产品在水中的溢出物。

5.4.3.5 重点技术方向五：生物处理方法（生物修复法）

单靠物理和化学等方法不能将溢油彻底清除，而且通常伴随着二次污染，20世纪80年代末利用生物修复法治理在阿拉斯加发生的ExxonVadez邮轮泄漏的石油引起的污染，开创了生物修复技术在溢油污染治理中的应用先河。生物修复技术是一种环境友好的治理技术，它主要是通过人工采取措施来促进溢油污染物的自然生物降解，主要的方法包括添加降解石油的微生物、施加营养物来促进微生物的增殖和投加表面活性剂来促进微生物对石油的降解等。

从生物处理溢油的专利申请国家/组织的分布情况（见图5.31）来看，22%的专利来自美国，美国处于专利申请国的首位，其专利受理数量达到83件，其次是俄罗斯，专利占比20%，领先于其他各国家/组织；其他主要国家/组织，如世界知识产权组织、日本、欧洲专利局、加拿大紧随其后。

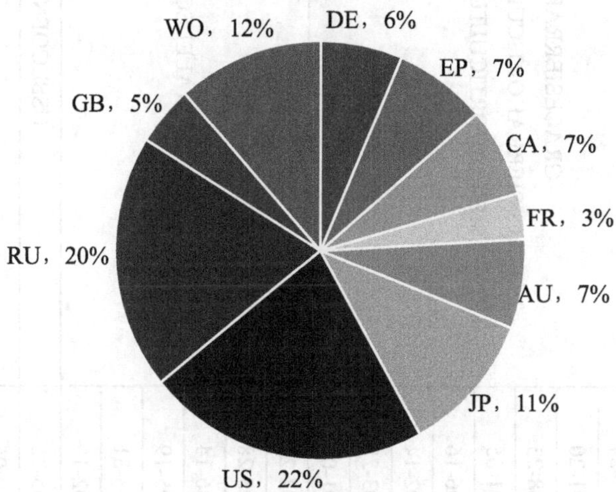

图5.31　生物处理溢油专利的申请国家/组织分布

在生物处理溢油专利申请人中专利申请数量最多的是Sidorova，共申请专利27件，Sidorova的专利申请主要集中于利用红球菌和假单胞菌两类细菌联合降解土壤或水中的石油污染物。从申请专利的数量排名情况来看，该领域的主要申请人以高校为主，说明微生物用于降解溢油的相关技术有待进一步研究。

在专利引用方面，被引次数超过20次的专利累计有12项，见表5.12。被引次数最高的是SIERRA HORTICULTURAL PRODUCTS COMPANY的“生物修复过程中为微生物提供缓释型营养强化剂，延长微生物的生长时间和维持反应活性”，被引用87次。该专利的新颖之处在于，添加的缓释型营养强化剂可以降低劳动成本和避免因营养物的大量流失引起的环境损害。

表5.12　生物处理溢油方向高被引专利（被引次数>20）

序号	专利号	公开日期	申请人	被引次数
1	WO9119039-A	1991-12-12	GRACESIERRAHORTIC；GRACESIERRAHORTICULTURALPRODCO；SIERRAHORTICULTURALPRODCO	87
	AU9182110-A	1991-12-31		
	EP532675-A1	1993-03-24		
	JP6500495-W	1994-01-20		
	US5340376-A	1994-08-23		
	AU655591-B	1995-01-05		
	EP532675-A4	1993-06-16		
	EP532675-B1	1996-02-14		
	DE69117182-E	1996-03-28		
	CA2084881-C	1998-01-06		
2	FR2187911-A	1974-02-22	GENERALELECTRICCO	63
	US3813316-A	1974-05-28		
	JP49061376-A	1974-06-14		
	GB1436573-A	1976-05-19		
	US4259444-A	1981-03-31		
	JP58028277-A	1983-02-19		
3	US3959127-A	1976-05-25	USSECOFNAVY	46
4	WO9526228-A1	1995-10-05	DIAMONDCM	41
	AU9522291-A	1995-10-17		
	US5492881-A	1996-02-20		
	CA2161416-C	2000-09-12		
5	GB2084608-A	1982-04-15	SOCNATELFAQUITAINE	41

续表

序号	专利号	公开日期	申请人	被引次数
6	EP499441-A2	1992-08-19	YISSUMRES&DEVCO	32
	EP499441-A3	1993-12-08		
	US5401413-A	1995-3-28		
	US5510112-A	1996-04-23		
	EP499441-B1	1998-07-08		
	DE69226102-E	1998-08-13		
7	NL7406257-A	1974-11-12	ESSORES&ENGCO	29
	DE2422231-A	1974-11-28		
	FR2228896-A	1975-01-10		
	US3871957-A	1975-03-18		
	JP50018682-A	1975-02-27		
	GB1459517-A	1976-12-21		
	CA1021708-A	1977-11-29		
8	US5348803-A	1994-09-20	SOUTHWESTRESINST	27
9	US5725885-A	1998-03-10	BIONUTRATECH；BIONUTRATECHINC	20
	WO9946210-A1	1999-09-16		
	AU9866949-A	1999-09-27		
10	WO9325480-A1	1993-12-23	ROWSELLFD	20
	AU9345281-A	1994-01-04		
	US5342525-A	1994-08-30		
	EP644856-A1	1995-03-29		
	EP644856-A4	1995-10-18		
	AU669547-B	1996-06-13		
	CA2136628-C	1997-12-30		

表5.13列出了生物处理溢油方向10项具有代表性的专利，从表中可以看出，用生物处理溢油的专利主要分布在生物强化、营养强化和投加生物表面活性剂三个方面，下面对这些专利进行深入分析。

① 在生物强化方面，专利主要集中在菌种、固定细菌、刺激代谢三个方面。申请号为US4415662-A的专利发现雅致放射毛霉TC-405可以有效降解原油和石油烃类物质。该专利的创新点在于：因TC-405适合生长在含盐的环境中，所以该真菌特别适合用于海上溢油的降解。申请号为US5266096-A的专利发现关节杆菌属和乳酸杆菌属的异养细菌能代谢石油烃类物质，并且能进行固氮。因此该类细菌能够进行溢油处理。

申请号为US5348803-A的专利研发了一种可加速降解烃类化合物的微胶囊。微胶囊的核是亲脂性物质，为微生物提供营养物质，微胶囊的壳是水溶性物质，将一种或多种微生物固定在微胶囊的壳上或壳内。微胶囊具有一定的密度和表面

表5.13　生物处理溢油的重要专利

序号	专利号	申请年份	被引次数	保护区域	技术领域
1	WO9119039-A	1992	87	WO、AU、EP、JP、US、DE、CA	缓释型营养强化剂促进微生物生长
2	GB2084608-A	1982	41	GB、WO、DE、US、BR、DK、CH、JP	亲油性营养强化剂
3	EP499441-A2	1992	32	EP、US、DE	脂质体生物表面活性剂
4	US5348803-A	1994	27	US	微胶囊负载微生物降解溢油
5	US5725885-A	1998	20	US、WO、AU	缓释型微胶囊营养强化剂
6	US4415662-A	1983	19	US、WO、AU、EP	雅致放射毛霉降解溢油
7	US5266096-A	1993	15	US	关节杆菌属和乳酸杆菌属细菌降解溢油
8	EP924221-A2	1999	12	EP、CA、JP、US、ES、IT、DE	脂多糖生物表面活性剂
9	GB2309036-A	1997	10	GB、WO、AU、EP、MX、US、CA	碳水化合物和皂苷增强微生物代谢活性
10	US5954868-A	1999	4	US	饱和脂肪酸和不饱和脂肪酸组成的微生物营养制剂

化学作用可以稳定存在于油水界面，从而降解烃类化合物。该专利的新颖之处在于微胶囊能够使微生物紧密接触溢油，又能为微生物提供营养，加快溢油降解速度。

申请号为GB2309036-A的专利用碳水化合物和0.01%（质量分数）的皂苷的组合物刺激微生物的代谢，加速细菌对有机废物的降解。该专利的优势在于组合物对环境无害；能够增强细菌的呼吸作用；该组合物作用于以有机废物为食的天然细菌，也能加快附着在管道内部的有机废物的降解。

② 在营养强化方面，申请号为WO9119039-A的专利为促进石油降解微生物的生长和反应活性，在生物修复过程中添加了缓释型营养强化剂，既降低了劳动成本，也降低了大量营养物质流失对环境造成危害的风险。申请号为US5725885-A的专利发明了促进烃降解微生物生长的缓释型营养强化剂微胶囊，其由微生物可利用的水溶性营养物、释氧化合物和可生物降解、部分油溶的牺牲性亲油涂层组成，其可以随着微生物的降解作用缓慢地释放营养物质和氧气。

申请号为GB2084608-A的专利将溶液中的N/P营养物质置于疏水培养基中培养微生物，随着营养成分的变化开始出现微乳液，其与水不溶，与疏水物质互溶。该专利的新颖之处在于形成的亲油性营养强化剂，能够附着在油膜或者溶解于油膜中，易于烃类降解菌的吸收利用，从而大幅度提高石油烃类物质的降解率。

申请号为US5954868-A的专利制备了可为石油降解微生物提供营养的制剂，包含饱和脂肪酸（硬脂酸或棕榈酸）和不饱和脂肪酸（亚油酸或油酸），两者的比例在（70：30）～（30：70）之间。该营养制剂与传统的微生物营养制剂相比，解决了营养物质易分散到周围的水中、营养物不能完全分配在油相、封装材料昂贵、可生物降解性差的问题。

③ 在添加生物表面活性剂方面，申请号为EP499441-A2的专利用脂质体为有机降解微生物提供生长所必需的营养物，脂质体的添加还伴随着烃类化合物极性和浸润性的改变，从而增强烃类化合物与微生物的相互作用，缩短微生物对污染环境的适应时间，缩短污染物被微生物降解所需要的时间。申请号为EP924221-A2的专利发现与蛋白质分子结合的脂多糖生物表面活性剂的多糖链多由2-氨基-2,6-二脱氧己糖、葡糖胺和一种或多种非胺化糖组成，可以稳定油水乳液，进而有利于微生物在油水界面的黏附，促进石油烃类物质的降解。

5.4.4 主要竞争对手分析

5.4.4.1 竞争对手：埃克森美孚公司

（1）企业基本情况

埃克森美孚公司是世界上最大的非政府石油天然气生产商，总部设在美国得克萨斯州爱文市，在全球拥有生产设施和销售产品，在六大洲从事石油天然气勘探业务，在能源和石化领域的诸多方面位居行业领先地位。埃克森美孚公司有两大综合研究中心，一是上游研究公司，主要负责研究开发勘探和开采技术，研究如何精确地了解地下石油和天然气的分布状况；二是下游的研究与工程公司，主要发展油料处理、石油产品和工程技术，以满足炼油、运输和石油销售等部门的技术要求。除了上、下游两大研究中心外，埃克森美孚公司在世界各地还拥有20个大型研究与工程中心，并配置了许多规模较小的研究所和技术服务网点，形成了全球性的研究开发网。这些研究中心和研究所的主要任务是研究与炼油有关的技术，除了研究本地区的技术问题外，还根据总部的管理体制共同研究公司的技术和开发项目。

在埃克森美孚公司对研究开发高度重视的整体理念下，该公司不断研发了不同种类的溢油分散剂，这些分散剂在保证对环境友好的前提下可快速高效分散海上溢油。

（2）企业专利布局

在埃克森美孚公司对研究开发高度重视的整体理念下，该公司关于溢油处理的专利共有13项，主要集中于溢油分散剂的研发。例如申请号为US4560482-A的专利发明了由非离子表面活性剂（乙氧基化脱水山梨糖醇脂肪酸酯）、聚合物（如聚异丁烯、乙烯-丙烯共聚物、聚二甲基硅氧烷、聚环氧丙烷等）和石油（如S600N）按一定比例组合而成的黏性凝胶状分散剂。与传统的流体分散剂相比，该分散剂可以黏附在溢油表面并逐渐渗透到油水界面。申请号为US6194473-B1的专利研发了一种由$C_{10}\sim C_{20}$脂肪族单羧酸的脱水山梨糖醇单酯、脱水山梨糖醇单酯的聚氧乙烯加合物、二烷基磺基琥珀酸的碱金属盐、脱水山梨糖醇的聚氧乙烯加合物三酯（或$C_{10}\sim C_{20}$脂肪族单羧酸的山梨糖醇六酯）、二醇醚溶剂、二价无机盐共同组成的溢油分散剂，能够有效分散淡水和海水中低浓度的高黏度油类物质，并且此分散剂对环境无毒无害。

对溢油处理领域该企业发明人专利申请数量进行排序后发现，该公司的研发人员主要有Canevari、Robbins、Lessard等13人，其中Canecari参与了8项专利的研究，最新的专利申请年份为1999年。从前10位专利申请人可以看出溢油处理技术在物理和化学方法的应用上已经非常成熟，而在溢油的生物处理方法方面的研究还有待进一步深入。

5.4.4.2 竞争对手：英国石油公司

（1）企业基本情况

英国石油公司（British Petroleum，BP）是一家历史悠久的企业，1909年BP由威廉·诺克斯·达西创立，最初的名字为Anglo Persian石油公司，1954年改为现名。1973年，BP中国成立。BP由前英国石油、阿莫科、阿科和嘉实多等公司整合重组而成，是世界上最大的石油和石油化工集团公司之一，是世界上最大的私营石油公司之一（即国际石油七姊妹之一），也是世界上前十大私营企业集团之一。

公司的主要业务是油气勘探开发、炼油、天然气销售和发电、油品零售和运输，以及石油化工产品生产和销售。此外，公司在太阳能发电方面的业务也在不断壮大。BP总部设在英国伦敦。公司当前的资产市值约为2000亿美元，拥有逾百万股东。

作为最早进入中国的外资企业之一，BP自1973年开始在华拓展业务，在中国的业务拓展已有三十多年的历史。三十多年来，BP积极参与中国的经济建设，是在华投资额领先的外国企业之一。BP在中国突飞猛进的发展和卓越的业绩使中国在BP全球市场中始终占据重要地位。BP在中国的发展经历了三个主要阶段。20世纪70年代初，BP主要从事化工技术转让和营销。80年代起，BP开始进行海上油气的勘探和生产。90年代起，BP的业务不断发展壮大，已拓展到航空燃油供应，液化石油气和天然气的进口与销售，加油站零售业务，润滑油的生产与销售，太阳能发电装置的开发应用等领域，在中国有非常大的竞争优势。

（2）企业专利布局

企业关于溢油回收处理的专利有8项，主要集中于溢油回收和分散处理设备结构和处理方法的研究和创新。例如，专利号为GB2052470-A（US4342655-A、GB2052470-B、CA1143627-A）的发明通过建造带有多个堰的封闭屏障，并在其中添加分散剂，能够在阻隔层和输送管线内处理回收的油和水，以产生精细分散的乳液。该乳液不需要回收，但可以离岸排放到海中，并且通过天然试剂进一步分散和降解，不会污染环境。专利号为FR2360718-A（SE7708922-A、NO7702748-A、US4112689-A、GB1552642-A、CA1089373-A）的专利发明了一种用于捕获和回收海上浮油的屏障，包括充满空气的长柔性浮管、长柔性水压管、辅助柔性空心管。这些管并排放置，使得充满空气的长柔性浮管和长柔性水压管形成油的屏障，辅助柔性空心管在其自身与其他管之间形成拦阻。在拦河坝中提供孔并连接到混合物的柔性管可以回收油和水。

对溢油处理领域该企业的专利发明人进行分析可以看出，该公司的研发人员主要有Webb、Blanchard和Meeks。且Webb作为发明人在该领域申请的专利数量处于世界前20位。除此之外，Webb还在设备驱动的一些领域有不少专利发明。

6　天科院重点产品开发策略分析与专利成果应用

6.1 重点产品开发基本策略

6.1.1 自主研发策略

从国际国内领域来看，天科院在深海污水排放领域形成了自主的优势品牌，可以在深海排放领域进一步优化相关专利布局，特别是结合未来港口管理的智能化和信息化发展趋势，对深海排放的技术模拟领域形成具有突出亮点的技术集群，形成独特的技术竞争优势。

6.1.2 合作开发策略

从国际国内领域来看，天科院在港口污水处理领域特别是含油污水处理领域的技术实力积累相对处于行业技术中游水平。同时国外的技术发展相对比较成熟，国内的技术正处在萌芽快速发展时期，新的进入者如山东航凯船舶科技有限公司等创新创业团队不断涌现。在这个领域建议加快与浙江海洋学院、哈尔滨工程大学、大连海事大学等高等院校建立产学研合作关系，进一步引进相关技术。

6.1.3 技术引进策略

从国际国内领域来看，在海上石油处理的物理处理围油栏领域，专利技术主要集中在国内外的公司，36%的专利来自美国，同时国内的汉海科技有限公司积聚了大量该领域的技术。从天科院现有专利技术来看，目前主要集中在围油栏技术领域的上游层面，需要通过技术引进或者合作的策略来进一步强化在该领域的专利布局。

6.2　专利布局方向指引

在对天科院专利布局进行定位分析的基础上，结合技术发展热点方向，从补原有短板、强现有布局、谋未来储备三个方面，分析天科院专利布局的重点。

6.2.1　原有专利布局短板

对国内和国际竞争对手进行研究发现，天科院在水处理领域专利布局相对十分分散，尚未形成一个完整的专利技术体系。从专利布局上讲，一般8～12件专利作为一个技术组合比较合适，但目前天科院在水处理领域的专利尚未形成密集的专利包，均值维持在2～3件的水平，并且专利以实用新型为主，没有形成有梯度的专利保护层次和格局。

6.2.2　现有技术布局重点

从目前现有技术来看，应进一步强化水运所在含油污水处理施工领域的技术优势和在污水深海排放领域的技术优势，推动围油栏等物理隔离油污技术的产业化进程。通过自主研发、合作开发或技术引进的方式，进一步完善现有专利布局。一是提升现有专利的数量，要围绕现有技术，继续深挖技术存量，形成以方法和工艺为核心的技术专利；二是要深挖技术链条，形成贯穿于技术施工主线的技术梯度布局。

6.2.3　前瞻专利储备重点

从港口污水处理领域发展来看，吸油材料、成套设备、生物处理等成为未来港口污水处理的重要研究方向。吸油材料主要聚焦在高分子材料领域，成套设备主要集中在船载含油污水成套设备，生物处理主要聚焦于微生物方向。从天科院的产业应用特点和已有的团队构成来看，可以重点聚焦含油污水处理的各个处理环节，如吸油材料、生物处理等领域，进行技术突破，同时结合未来港口智能化和信息化的趋势，超前布局港口污水处理信息化监测和信息化排放等技术领域。

6.3 专利运营方案制定

6.3.1 现有专利的分类评级

对表6.1涉及的污水处理领域的专利技术进行整理，按照专利申请号、专利名称、专利价值、专利有效性、专利被引用次数等进行排序，形成新表。从现有的表中可以看出，目前整个专利的维持和管理有待于进一步提升，部分高价值专利因为未缴纳年费而失去专利权。

表6.1 天科院水处理领域专利

序号	公开（公告）号	标题	法律状态/事件	申请日	专利价值
1	CN106430413A	一种用于处理低温港区含油污水的斜管隔油系统	实质审查	2016-11-10	6000
2	CN106768839A	一种优化围油栏裙摆压载质量分布的实验方法	实质审查	2016-12-12	6000
3	CN106769664A	一种均质裙摆围油栏改变配重获取合适浮重比的实验方法	实质审查	2016-12-12	6000
4	CN106801401A	一种围油栏水槽试验装置	实质审查	2017-2-27	6000
5	CN107389880A	一种船舶尾气移动监测方法	实质审查	2017-9-8	6000
6	CN107589100A	一种船用燃油硫含量嗅探估算法	实质审查	2017-9-8	
7	CN108280791A	基于潮流变化的污水深海优化排放响应关系确定方法	实质审查	2018-2-1	
8	CN108304654A	基于潮流变化的污水深海优化排放方法	实质审查	2018-2-1	
9	CN108287972A	基于潮流变化的污水深海优化排放量计算方法	实质审查	2018-2-1	

续表

序号	公开（公告）号	标题	法律状态/事件	申请日	专利价值
10	CN104355364B	压舱水储罐油污水自动排放装置	授权	2014-11-25	18000
11	CN206034365U	一种用于围油栏溢油围控实验的波流水槽	授权	2016-7-11	6000
12	CN206173041U	一种用于处理低温港区含油污水的斜管隔油系统	授权	2016-11-10	6000
13	CN206607567U	一种围油栏上方防溢油飞溅的拦油翼	授权	2016-12-12	6000
14	CN206580637U	一种船舶污水处理设备	授权	2017-1-12	6000
15	CN206543468U	一种船舶用节能型污水预处理设备	授权	2017-3-16	6000
16	CN206916685U	一种围油栏水槽试验装置	授权	2017-2-27	
17	CN206985796U	一种可进行水污染处理的环保船	授权	2017-7-12	
18	CN206970367U	一种高杂质脱硫废水处理系统	授权	2017-7-25	
19	CN206941753U	基于水深 7m ～ 10m 的污水排海装置	授权	2017-7-27	
20	CN207158047U	一种具有污水处理功能的垃圾箱	授权	2017-7-31	
21	CN207552107U	一种港区高含油污水排海处理系统	授权	2017-8-21	
22	CN207726853U	一种旋流气浮耦合处理低温含油废水的系统	授权	2017-12-22	
23	CN207726895U	一种港区含油污水的预处理设备	授权	2017-12-22	
24	CN207726874U	一种甘油生产废水的物化处理设备	授权	2017-12-22	
25	CN207878609U	一种可自动调整角度的污水排水口结构	授权	2018-2-12	
26	CN103258085B	一种污水深海排放扩散器上升管数量确定的方法	未缴年费	2013-4-25	46000
27	CN202594858U	一种用于水解酸化污水处理装置的配水系统	未缴年费	2012-3-27	6000

续表

序号	公开（公告）号	标题	法律状态/事件	申请日	专利价值
28	CN203905143U	用于污水在海洋中7～10m水深排放的5°射流角多喷口扩散器	未缴年费	2014-2-26	6000
29	CN205421495U	污水深海排放扩散器	未缴年费	2016-3-25	6000
30	CN205776663U	上升管为1米的污水深海扩散器	未缴年费	2016-5-19	6000
31	CN202882097U	用于污水深海排放的多喷口大射流角度扩散器	未缴年费	2012-9-21	
32	CN203213265U	用于污水深海排放的防腐型扩散器	未缴年费	2013-3-21	
33	CN103206008B	一种污水深海排放扩散器上升管间距确定的方法	未缴年费	2013-4-3	
34	CN102381741A	微波诱导活性炭催化氧化处理化学品废水的方法和设备	撤回	2011-10-11	
35	CN103174214A	用于污水深海排放的防腐型扩散器	撤回	2013-3-21	
36	CN103577645A	基于物模试验与数值模拟结合的污水扩散器长度确定方法	撤回	2013-11-7	

对天科院专利管理提出如下建议：

将专利按价值进行分类。分为以下5个等级：S级、A级、B级、C级和F级。其中，S级和A级专利均属于高价值专利，B级专利属于中价值专利，C级和F级专利都属于低价值专利。具体划分规则如下：

① S级专利　a.有国外同族申请或PCT国际申请的授权专利；b.有过运营（许可、诉讼、无效、质押、保险、外购等）或获奖历史的授权专利；c.公司重要产品/技术关联的重要专利（基础专利、核心专利、关键专利等）；d.针对竞争对手/产品布局的重要专利。

② A级专利　a.公司重要产品/技术关联的普通专利（外围专利、应用专利等）；b.针对竞争对手/产品布局的普通专利。

③ B级专利　公司普通产品/技术关联的授权专利。

④ C级专利　为追求数量而编写的无对应产品的授权专利。

⑤ F级专利　无效专利（未授权或已失效的专利等）。

专利分级具体流程如下：

① 确定专利的法律状态，如专利未授权或已失效，则直接判定为F级专利。

② 针对授权维持状态的专利，确定其是否已申请PCT或国外同族专利，如是，则直接判定为S级专利。

③ 针对无国外同族的专利，确定其是否有过专利运营或专利获奖经历，如是，则直接判定为S级专利。

④ 针对无运营及获奖经历的专利，确定其是否关联公司的具体产品或技术，如否，则继续确定其是否关联竞争对手的具体产品或技术；如否，则直接判定为C级专利。

⑤ 针对关联竞争对手具体产品或技术的专利，确定其是否为重要专利，如是，则直接判定为S级专利，如否，则直接判定为A级专利。

⑥ 针对关联公司具体产品或技术的专利，确定其是否仅关联单个特定产品，如是，则继续确定该产品是否为公司重要产品。

⑦ 如果该产品为公司普通产品，则直接判定为B级专利。

⑧ 针对关联公司重要产品的专利，确定其是否为该产品的重要专利，如是，则直接判定为S级专利，如否，则直接判定为A级专利。

⑨ 针对关联多个产品或可应用于多个产品的专利，确定其是否为公司重要技术，如否，则直接判定为B级专利。

⑩ 针对关联公司重要技术的专利，确定其是否为该技术的重要

专利，如是，则直接判定为S级专利，如否，则直接判定为A级专利。

以上专利分级流程可用图6.1表示。

6.3.2 专利资本化运营方案

从企业现有的发展调研情况看，天科院尚无质押融资方面的资金需求。但从创立企业的角度出发，天科院规划中明确提出了打造以天科院为主体的产业集群，天津院可以尝试技术入股的方式，投资设立新的企业实体，引入相关产业资源，加速技术熟化和产品开发。表6.2为天津市专利权作价入股相关科技创新政策要点。

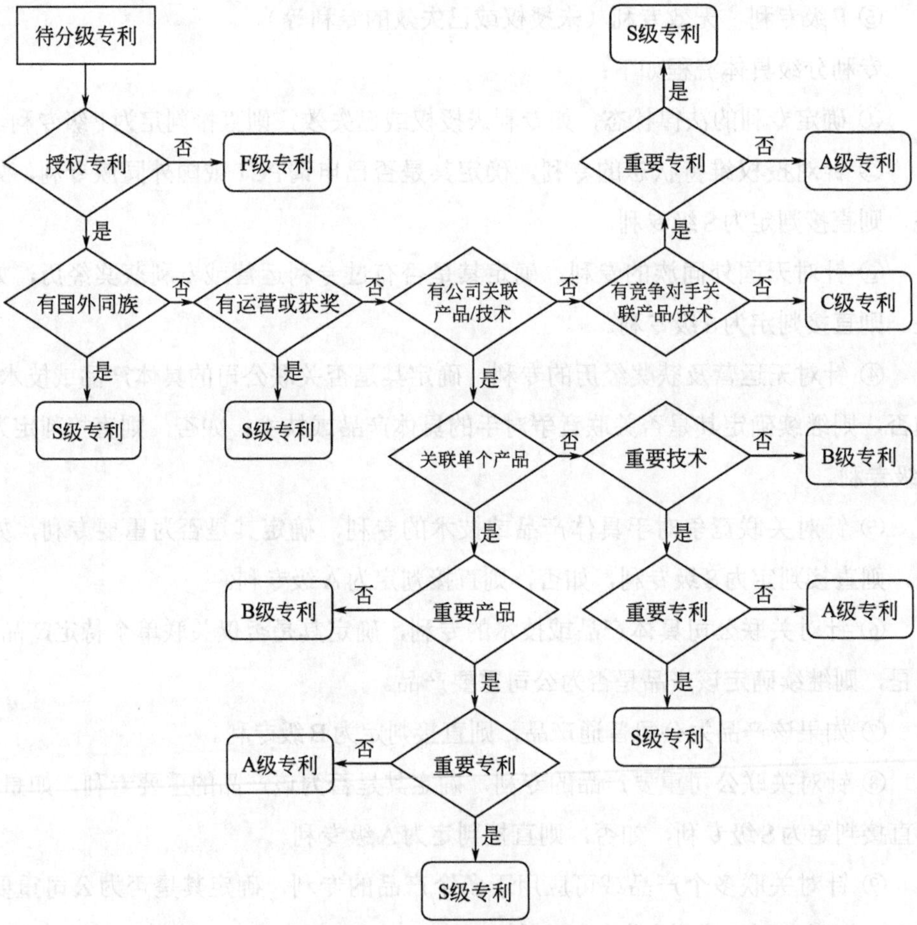

图6.1 专利分级流程图

表6.2 天津市专利权作价入股相关科技创新政策要点

序号	政策内容	政策名称
1	市级产业创新中心组建和运行中应联合省市级工程研究中心、工程实验室、企业技术中心等创新平台，广泛吸纳高等院校、科研院所等创新力量，通过共同出资、协作研发、技术入股、创新平台共建或人才联合培养等方式，形成紧密合作的创新网络	天津市发展改革委关于建设市级产业创新中心和市级工程研究中心的实施细则
2	完善高校和科研院所知识产权管理规范，探索把发明专利统一纳入高校的科技成果管理。将知识产权转移情况纳入高校、科研院所绩效评价和考核内容，鼓励高校、科研院所向企业转移知识产权	市知识产权局《深入实施天津市知识产权战略行动计划（2016—2020年）》

续表

序号	政策内容	政策名称
3	支持以科技成果作价入股方式实施的成果转化。对拟转化成果的成熟度、转化的必要性和预期成效等内容进行综合评价，根据评价结果，以前补助方式给予资金支持	天津市科技成果转化再支持实施细则（试行）
4	优化人才评价激励制度，拓展知识、技术、技能和管理要素参与分配途径，完善技术入股、股权期权激励、科技成果转化收益分配等机制	天津市人民政府关于深化“互联网＋先进制造业”发展工业互联网的实施意见 津政办发〔2018〕12 号
5	留学人员以知识产权等无形资产入股方式来津创办企业的，经相关机构评估后，其知识产权等无形资产按评估价值计入公司注册资本实缴额	天津市人民政府关于做好当前和今后一段时期就业创业工作的实施意见 津政办发〔2017〕28 号
6	对技术成果投资入股实施选择性税收优惠政策。企业以技术成果投资入股到境内居民企业，被投资企业支付的对价全部为股票（权）的，企业可选择继续按现行有关税收政策执行，也可选择适用递延纳税优惠政策。选择技术成果投资入股递延纳税政策的，经向税务机关备案，投资入股当期可暂不纳税，允许递延至转让股权时，按股权转让收入减去技术成果原值和合理税费后的差额计算缴纳所得税（牵头单位：市地税局、市国税局）	天津市人民政府办公厅关于印发天津市降低实体经济企业成本 2017 年第一批政策措施的通知 津政办发〔2017〕62 号

6.4 专利成果应用原则

（1）融合性

专利分析成果可与天科院产业发展战略结合起来，通过对相关重点产业的资源的专利化挖掘，对产业资源进行深刻把握与精准理解，对于天科院建成综合性国际化水运交通国家科技创新机构具有重大的参考意义。

（2）系统性

专利分析成果要结合天科院自身的特点，特别是在天科院传统优势产业发展，加速实现产业布局和产业扩张的关键时期，更要发挥专利成果的支撑作用，从多个环节切入，有目的有准备有措施地实施，营造最好的实施效果。

（3）可操作性

专利分析成果形成的总体方案紧密结合天科院宏观战略发展实际，是对宏观发展战略在具体操作层面的支撑和建议，能有力促进宏观战略的执行和实践，具有可实施、可落地的特点。

6.5 专利制度完善发展规划

天科院在前期积累了大量的产业相关专利，同时调研中发现天科院整个知识产权管理体系尚未完全建立起来。因此要紧密围绕天科院知识产权管理，制定明确的知识产权战略，将知识产权战略作为天科院整体战略的一部分，而不是作为独立或孤立的战略，加以综合、系统地考虑。并根据天科院所在的行业特点，确定知识产权战略的重点，并根据形势的发展及时进行调整。同时，还要制定明确的知识产权管理指导方针来保证知识产权战略的有效实施。

6.5.1 战略规划

立足于天科院港口污水处理领域发展，可以在天科院整体发展规划中增加知识产权专利分析与预警相关研究内容，使得专利管理战略与单位发展战略有机融合，成为指导单位科研创新事业发展的有力支撑。

6.5.2 产品规划

天科院的工作主要以科研设计和施工为主，建议围绕科研设计和相应的施工，形成水处理领域的一些关键的技术性专利。一是聚焦水处理领域的吸附性材料的研发，二是聚焦船舶污水处理相关设备的研发，三是物理除油设备如围油栏等关键设备的研发。

6.5.3 技术规划

天科院目前在污水处理领域的技术专利储备相对来说还比较单一，尚未形成完善的技术专利保护体系。从现有的专利技术布局来看，可以进一步围绕围油栏、污水深海排放以及污水处理设备等三个领域进行适度的产品和技术丰富度布局，形成相应的技术群落。

7 科研院所专利管理能力提升对策方案

7.1 树立专利管理意识，完善专利管理制度和部门

专利管理对科研单位而言极其重要，它是充分维护自身权益，并保持自己优势的必要手段，也是关系到未来持续发展的重大问题。因此首先要在意识层面对专利管理工作投入足够的重视，用正确的管理理念来指导单位专利战略的制定。首先，要全面学习和熟悉专利法及其实施细则，满足专利申请的条件要求，以免专利丧失新颖性，深入解读专利制度并加强对专利战略的理解，全面掌握专利文献资料，为单位的科研技术创新发展开辟新的道路；其次，单位应当树立牢固的专利战略理念，把科研全过程与专利战略管理紧密挂钩，实现提升科研创新能力的最终目标；最后，要注重专利群的结构和功能以及专利工作的前瞻性和预测性，对于专利战略的依托诸如技术创新与开发战略、人才开发战略和技术标准战略等深层次的战略要进行更深层次的挖掘和实施。

单位的专利管理制度是否健全和完善将会直接影响一个单位的长远发展，也关系到一个单位的知识产权能否得到有效保障，是否可以真正发挥其最大化的应用价值。因此，必须在制度建设方面投入更多的精力，认真学习国家在法律法规当中明确给出的有关知识产权尤其是专利方面的法律法规，保障单位专利管理规章制度的建立。在制度建设的初期阶段，单位必须要突出实用性，也就是将制度内容的侧重点放在防止专利权流失以及如何更好地优化专利合同管理等实用方面。在制度得到建立和有效落实后可以进一步对制度进行完善，提高制度建设的层次，将实用性提升到战略性的高度。也就是以单位的战略性发展规划作为根本出发点，将与专利管理相关的制度要求与单位战略发展的相关规定整合起来，明确制度的可操作性，保障制度的贯彻落实。

专利管理部门应该承担专利申请、保护、风险评估等一系列管理任务，专门处理与知识产权相关的管理事项，有效推进专利管理的规范化和标准化发展。就长远发展而言，设置专门的专利管理部门从事规范化管理，可以有效降低运营发展当中的潜在风险。目前部分科研单位并未设置专门的专利管理部门，有碍于专利管理能力的进一步提升。因此科研院所需要设置专门的专利管理部门，积极做

好以下几个方面的工作：制定知识产权经营方案；做好专利统计、分析和预警；积极参与和投入专利管理制度的完善和建设当中，积极提出建议与意见；积极组织单位员工参与知识产权的相关培训活动；做好本单位知识产权对外交流活动；做好与各个部门的沟通协调，降低管理风险。

7.2 统筹自身与外部制定针对性专利提升战略

专利战略的制定既要着眼于科研单位自身实际的发展，又要对外部的竞争对手的情况有所了解，因此需要从内外部共同着手，制定有针对性的专利提升战略，指导科研院所的知识产权管理工作更好地开展。

7.2.1 针对单位自身

图7.1是从科研院所自身发展出发，制定的一套单位专利战略流程图。从图中可以看出，科研院所在制定专利战略时，主要包括以下几个步骤：首先是准备阶段，单位需要根据自身情况，配备专门人员以及充足资金，通过相关情报收集与市场调查，建立档案库，最终制定出切实可行的专利战略；其次是开发阶段，待专利战略制定出来后，着手专利技术的开发，开发成功后积极申请专利，此外，通过对专利进行调查分析，综合考虑后制定专利投资组合计划；最后是战略的运行阶段，单位在获得专利权后，要及时对专利进行跟踪、监视，积极维护自身利益，一旦发现侵权行为，立即诉之于法律。在专利的运行阶段，对专利战略进行总体性评价，为单位的下一步战略打下基础。

7.2.2 针对竞争对手

图7.2是从竞争对手所属专利出发，制定战略的基本方法。大体分为三个阶段：一是，科研院所从日常的信息活动、专利调查、对竞争对手的指摘或来自第三者的指摘中发现引起争端的其他单位专利；二是，结合竞争单位及其专利与企业本身实力进行客观评价，便于制定战略、对情况进行判断；三是，从实际情况出发，实行排除、回避、活用等战略。

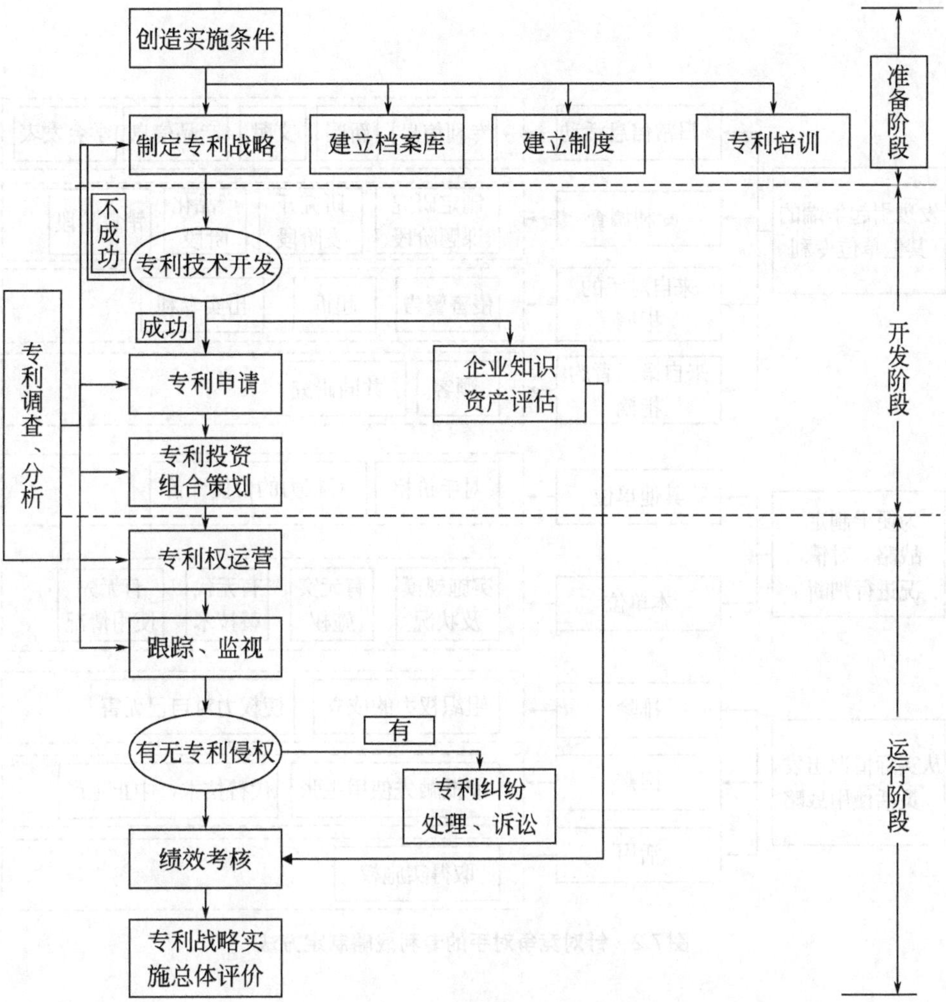

图7.1 专利战略制定流程图

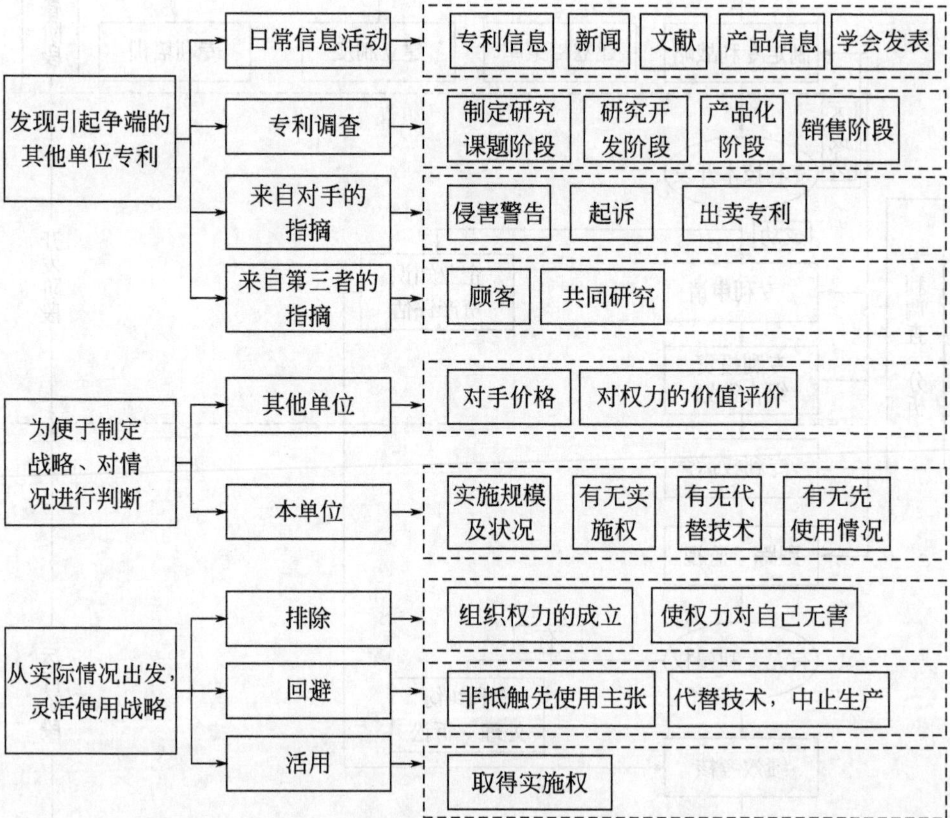

图7.2　针对竞争对手的专利战略制定方法

专利战略的制定是静态的，但要时刻注意技术和市场的动态变化。此外，在实施专利战略时，应当随时追踪技术和市场的变化，通过专利情报的收集、分析、整理，掌握竞争对手相关技术的发展状况与市场占有情况，及时采取应对政策调整专利战略。值得注意的是，应当防范竞争对手在专利战略的实施中针对本单位的战略意图采取的一些行动，如申请竞争性专利。在追踪技术与市场变化的同时，还应当注重随时监控单位自身专利在市场上的发展状况，是否有被侵权的迹象，一旦发现侵权行为，立即采取法律手段维护单位的专利权。除此之外，应当重视总结专利战略实施中的经验教训，在对单位专利战略实施的情况进行追踪调查的同时，定期或不定期地召开专利战略推行会议，将反馈信息投入下一步专利战略实施计划之中。

7.3 聚焦专利管理全过程，全面提升专利管理水平

从专利管理涉及的全过程入手，细化各项管理过程中的各项要求，全面提升科研院所的专利管理水平。

7.3.1 专利权的取得

专利权属于产权激励的范畴，有了这种产权，科研院所的技术资源就能得到法定权利的界定。专利权应该具备新颖性、创造性和实用性。科研院所除了遵循专利权的取得的三个原则（即优先权原则、先申请原则和一发明一申请原则）以外，还可以考虑从以下几个方面取得专利权。

（1）加强自主专利的开发

诸多经济发达、技术先进的国家为了在市场竞争中获得优势，利用专利方面的优势采取种种手段设置壁垒，对高技术出口实行限制，这种情况之下，科研院所如果过多地依赖于引进，就不可能拥有核心技术。科研院所必须把宝贵的资金用于能在较短时间内带来经济效益的专利研发。除了开发应用型自主专利以外，

科研院所还要建立专利网络，确保单位的技术发展能顺利进行。通过自主应用型专利的开发，形成自主专利能力，增强单位的科研实力。

（2）开展专利贸易

科研院所依据专利法律法规采取与专利许可方订立专利实施许可合同的方式，支付专利使用费取得在一定条件和范围内的实施权利。既然是订立专利的实施合同，就要特别关注专利权的有效性，注意合同的期限必须在专利权保护期限之内。确保专利权人是所提供技术的合法拥有者。同时在合同生效之日起的3个月以内在国家知识产权局备案。此外，合同的内容不得包括不公平的条款，诸如：与专利无关的附带条件，限制被许可方销售专利产品的价格，限制被许可方进一步的研发，强制性要求回授专利的改进方案，等等。

（3）合作研发

科研院所为了克服研发高投入的资金困难，降低研发风险，缩短研发周期，降低交易成本而与科研院校、行业基金会等合作伙伴形成契约关系共同研发，彼此之间优势互补，在明确的合作目标和期限的前提下，共同遵守相关规则，实行利益共享，风险共担。合作研发的好处在于获取互补资源，避免市场无效率行为，降低成本，分散风险，共同获利，实现双赢或多赢。具体的合作形式可以多样化，比如资金合作、人才合作、技术合作等。

7.3.2 专利权的利用

专利作为科研院所的无形资产，如果没有强大的技术、资金作后盾，那么专利就会是科研院所的负担。换句话说，科研院所必须合理应用专利以创造效益，实现专利产品化、产业化，否则就是不理智的做法。

科研院所拥有的知识产权是科研院所的科技成果为主导与其他因素共同作用的结晶，是科研院所拥有的一种特殊的无形资产。专利往往意味着高额的利润。因此，科研院所对拥有的知识产权的技术要积极组织实施，使其上规模、上水平、增效益、产业化，使技术创新获得的智力成果产出最佳的经济效益。知识产权的效益实现主要有三种途径：其一，科研院所自己无条件实施或不需要自己实施的，要适时转让或许可他人实施，不断提高专利运营水平；其二，科研院所将知识产权运用到自身的生产工艺流程中，使之内化附着于产品实物形态中，经商业化后获得经济回报；其三，还可以根据科研院所发展的需要，部分引进他人的专利技术以占领市场。

7.3.3 专利权的保护

首先专利申请是专利保护的依据和基础。科研院所应对各种专利纠纷做出适当处理。具体分为专利权维护和专利预警。专利权维护有两个途径：一是先通过地方知识产权局作出判定，若不服可向中级人民法院提请诉讼，再由法院进行判决；二是直接向中级人民法院提请诉讼，法院判决并执行。若还有不服，可向高级人民法院上诉以及申诉。

专利预警是科研院所要控制风险，根据自身特点建立专利预警机制。专利预警机制的内容主要为竞争者的专利跟踪分析。专利战略的有效管理建立在了解许多关于竞争者、产品、技术和市场等方面的信息与数据的基础上。所以要及时、可靠、全面地跟踪竞争对手的专利信息。竞争者跟踪分析的主要内容有：辨识潜在竞争者；构建竞争者战略分析框架；认识竞争者的优势和劣势；了解竞争者的目标；预测竞争者对科研院所行动所做出的反应。对竞争者所有的专利定期进行统计分析和分类排序，同时考察其分布情况，从中获得竞争者的技术开发和经营策略方面的数据，可逐步判断出竞争者研究开发的重点和技术政策。通过对专利情报进行分析，可以发现有关产品及材料进入市场的时间、规模等信息，探测出竞争者的市场范围和市场策略。

7.4 综合利用信息化手段，构建专利管理服务平台

因为在专利工作开展中会经常面临以下几个问题：一是由于专利申请过程复杂且跨越时间长，加大了专利申请人的工作烦琐度；二是对本单位已有的专利申请情况不是很了解，有时会出现专利申请的重复；三是由于工作繁忙，专利申请人会出现忘记缴纳专利年费的情况导致专利失效。因此有必要依托现代化信息技术手段，构建一个科研单位自身的专利管理服务平台。

7.4.1 专利管理服务平台的建设目标

科研单位专利管理服务平台主要包括两大类功能：外部功能和内部功能。其中，外部功能主要聚焦于专利信息的收集分析，内部功能主要聚集于专利申报、申请、后期维护等流程性管理。通过内外部功能的协同配合，构建完善的科研单位专利数据库，系统地开展专利公开信息的检索、收集、分析及专利申报、审批、申请等工作，实现专利公开信息的检索、应用、更新、标引。同时建立信息的共享查询系统，供科研单位决策层人员和技术人员及时了解专利现状，并且单位内部相关科研工作人员可以便捷地实现专利信息的使用和查询，相关资料的阅览和下载等操作。

7.4.2 专利管理服务平台的建设步骤

科研单位专利管理服务平台的建立可通过如下步骤进行：

第一阶段建立科研单位专利分析系统，对单位的专利开展预警、侵权等常态化分析，制定本单位专利战略，并将所得到的专利信息应用到单位的研发过程中，提升研发进度，增强研发效率。

第二阶段建立科研单位专利申请管理系统，依托此系统，对科研项目实施、研发等过程中产生的创新技术进行撰写、申请、维护，进而有效提高单位的自主研发能力和技术水平。

7.4.3 专利管理服务平台的模块

科研单位专利管理服务平台需要包括如图7.3所示的内容。在专利信息的收集分析方面，主要包括以下三个子模块：

① 检索功能模块　在此功能模块中，可对国内外最新专利文献进行检索，检索界面应当便利友好，检索规则应当有序规范，并且还应包括二次检索功能。

② 建库分类功能模块　在此功能模块中，通过建立专利专题数据库，对本单位的专题数据库进行智能化分类管理，可批量导出包括著录项目信息及法律状态等信息在内的专题数据库，同时也支持手动及批量添加专利数据条，对专利的

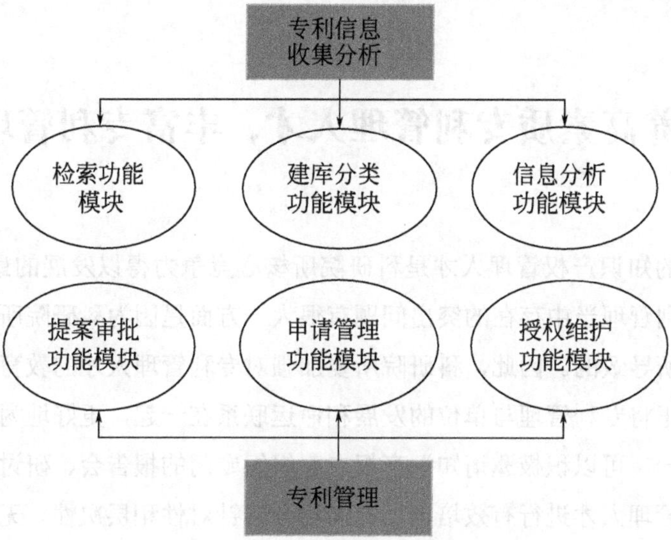

图 7.3　专利管理服务平台模块示意图

某项信息进行深度加工。

③ 信息分析功能模块　在此功能模块中，可实现专利著录项目以及自定义标引项目的定量分析，可进行引用关系分析、同族分析、聚类分析，分析结果可图表化，可按设定模板导出分析报告。

在上述基础上，还可建立专利数据发布平台，供技术人员、专家查阅专利数据库。

在专利管理方面，主要包括以下三个子模块：

① 提案审批功能模块　在该功能模块中，应当包括提案人、审批人等基本信息管理，技术交底文档管理，审批、申请时限管理等。

② 申请管理功能模块　在该功能模块中，应当包括申请人、发明人等专利申请基本信息管理，专利申请文件、官方来文等文档管理，申请、答复、补正等时限管理，申请中产生的各项费用管理，发明人奖励管理以及资助金额管理等。

③ 授权维护功能模块　在该功能模块中，应当包括授权后的年费管理，专利实施许可和专利转让的管理，专利后期维护情况的管理等。

此外，提案审批功能模块与申请管理功能模块之间应当实现数据共享，并且申请管理功能模块应具有统计分析功能，供决策层人员查阅专利申报、申请、维护等信息。

7.5 培养高素质专利管理人才，丰富专利管理机制

高素质的知识产权管理人才是科研院所核心竞争力得以发展的最重要支持，而且当前专利管理当中存在的突出问题有很大一方面是因为科研院所不具备完善的管理人才所导致的。因此，科研院所要加强对专利管理人才的教育培训，使得他们能够真正将专利管理与单位的发展和命运联系在一起，更好地为未来发展提供服务。第一，可以积极邀请知识产权专家组织专门的报告会、研讨会、专题讲座等对专利管理人才进行有效培训，提高培训的针对性和层次性。无论是决策层人员，还是专门从事知识产权管理的人员必须主动参与到培训工作中来，这样才能够更好地培养他们的战略思维，保障知识产权管理任务的顺利实施。第二，要有效组织培训班，专门就专利管理的理论和实践技能对专利管理人员进行培训，提高他们的专业业务能力。与此同时，还需要注重提高专利管理者的思想道德水平和职业道德素养，树立强烈的责任意识，强化对单位专利的保护。

针对当前科研单位尚未建立起完善专利管理机制以及管理机制不够完善的问题，需要针对性地给出管理机制的健全方案，保障各项管理措施的贯彻落实。第一，健全以及创新专利管理保护机制。单位的专利管理必须严格把控合同签订、技术信息录入、成果登记、知识产权审查核对等多个方面的环节，将保护机制贯穿于专利管理的全过程。这一过程当中要注重借鉴国内外先进的管理经验，完善保护机制。第二，有效构建知识产权冲突管理机制。知识产权冲突现象时有发生，而如何更好地解决知识产权冲突成为摆在单位面前的一大难题。对此，要始终秉持依法确权的管理原则，提高解决冲突的效率。第三，健全专利运营机制。专利具有极大的利用价值，其价值的发挥与科研院所正确的运营管理是紧密相关的。一方面，要注重发放独占许可证、排他许可证等，保障科研院所的权益以及未来的发展。另一方面，要不断优化特许经营环节，增强单位的经济效益。

只有建立健全专利管理制度，才能使科研院所的专利管理和保护工作真正走上制度化、规范化之路。发达国家（例如美国、日本）的企业，在其专利管理中就非常注重制度建设。通常认为，专利管理制度一般包括以下内容：第一，适当

的专利激励制度。单位可以通过多种分配、奖励形式，针对员工的专利创造，建立合理的激励创新和分配机制，鼓励创新。第二，与专利管理有关的合同管理制度，如技术保密合同等。只有通过建立完善的制度才能为科研院所的专利管理和保护实践提供全面的规范性的指导。

7.6 加强成果转化奖励力度，建立专利转化考核体系

行之有效的激励约束机制是调动单位科研人员从事知识创造，珍惜和爱护专利等无形资产积极性的重要制度机制，同时也是促使专利拥有人提高专利成果转化的动力。2015年第十二届全国人大第十六次会议高票通过新修订的《促进科技成果转化法》。这次修订遵循的主要原则是充分反映实施创新驱动发展战略对科技成果转化的新要求，准确把握科学技术发展规律和社会主义市场经济规律，同时加大对科研人员的激励力度。在完善科研人员评价体系，改革成果处置、收益分配制度，加强科技成果信息服务，加强科技计划项目成果转化，强化科研院所成果转化的主体作用，推进产学研合作等十多个各界关注的方面进行了重点修订。科研院所可在此办法的基础之上制定本单位的《促进专利成果转化办法》，对在专利成果转化方面取得一定成绩的人员给予更多的实质性奖励，营造有利于专利成果转化的良好氛围。

单纯依靠加强专利成果转化奖励力度取得的效果存在一定的局限性，所以还需要从日常工作的人事考核机制入手，把专利实施和专利转让成果与相关业务部门的业绩考核相结合，把专利实施和专利转化与津贴、奖金相挂钩。同时可以考虑将专利成果转化工作开展情况与个人职级评定进行关联，赋予其一定的权重并纳入职级评定体系中，以此督促科研人员重视专利成果转化工作，改善之前为了申请专利而申请专利的弊端。切实将专利成果转化的重要性和意义对科研人员进行有针对性的宣贯，引起其足够的重视，推动专利产生商业价值，进而将获得的资金重新投入单位在各个领域的科研创新中，形成发明创新再形成专利的可持续的发明创新良性循环，助推科研院所专利成果转化和知识产权管理工作迈上一个新的台阶。

8 未来展望

由于专利具有专有性和时间性，而专利管理服务于专利的形成、申请、实施和转移过程，因此，科研院所专利管理只有完善管理机制，根据科研和市场的需求优化服务流程和模式，才能有效促进专利的形成。根据国外科研院所的先进经验，专利管理的系统化、精细化和智能化是未来的发展趋势。

从专利管理的流程来看，科研院所专利管理的系统化和精细化是今后的发展方向之一。国外科研院所的成功案例将促进国内科研院所专利管理一站式服务体系的形成，它不仅能为科研人员提供学术资源，更能服务于技术的商业化发展；并且提供贯穿于专利形成、申请、实施和转移过程的咨询服务，解决技术和市场两方面的疑问。此外，随着科研院所对自身科研特色和重点发展技术的进一步明晰，精细化的管理将初具雏形，更好地服务于每一个方向技术的创新。

从专利情报的获取和分析来看，专利管理工作将向智能化发展。通过构建多个数据收集代理，科研院所可以形成专利资源库、相关专利文件库、专利池或专利相关信息库，全面获取宏观、市场、科研的各类信息；并利用数据挖掘方法对专利进行分析，包括关联分析、聚类分析、趋势分析等，提供数据查询和咨询服务。

从管理层、科研层和产业层的互动来看，专利管理的个性化将是未来的发展方向。随着数据挖掘理论的发展，专利管理人员将针对科研人员或产业界建立更高效的分析模型，通过对其资源检索、科研主题等信息的挖掘，形成专门的科研档案，便于个性化信息的推送。同时，随着信息技术的不断发展，订制邮件、RSS阅读和微信平台等具有长尾效应的推送渠道将逐步成为互动的主要工具。

从科研院所的主导行业来看，行业与行业间可能在知识产权管理、战略上存在较大的差异。本书仅以天科院为例，分析了天科院的专利管理现状，对重点专利技术做了详细剖析，提出了天科院专利管理中存在的问题，并给出了相应的建议。下一步将考虑按照科研院所的行业对外部环境和内部条件进行具体分析，在此基础上进行更细致的研究。

附 录

附录一 专题报告中涉及的专利检索式及技术分解表

（1）国内港口污水处理技术检索式（含油污水和深海排放两个技术领域）

[IPC：（C09K or B01D or C02F or B63J or C12N or A62D or C12R or E02B or A62D or B01J or C08J or B63B）AND TA：（含油污水or油水or含油废水or油污or污水or废水or污油or废液or浮油or分散or收油or集油or凝油or吸油）AND DESC：（港口or码头or港区or海港or港湾）not MIPC：（B01D53/00）not DESC：（汽车）] OR [IPC：（E03F or F16L or G06F or E05B or E02D）AND TA：（污水 or 废水 or 废液）AND TA：（深海or海洋）]。

（2）国际港口污水处理技术检索式（含油污水和深海排放两个技术领域）

[IPC：（C09K or B01D or C02F or B63J or C12N or A62D or C12R or E02B or A62D or B01J or C08J or B63B）AND TA：（oil-polluted water or oil water or oily wastewater or sewage or slops or waste water or exhausted liquid or spent liquor or used liquid or waste fluid or waste liquor or waste solution）AND DESC：（port or wharf or pier or shipside or jetty or quay or harbour or dock or seaport or estuary or bay）not IPC：（B01D53/00 or A23 or E21B21/06 or A23D7/00 or C11B3/00 or C10G45/00）not DESC：（automobile or aircraft）] OR [IPC：（E03F or F16L or G06F or E05B or E02D）AND TA：（wastewater or waste water）AND TA：（deep sea or deep ocean）]。

（3）国内溢油处理技术检索式

[IPC：（E02B15 or C02F1/40 or B63B35/32 or C09K3/32 or C02F/28 or B01J20 or B01D17 or G08B21）AND DESC：（溢油or水面浮油or海面油污or油气泄漏or海面浮油or水面油污）] OR [TA：（分散or收油or集油or凝油or吸油）AND DESC：（溢油or水面浮油or海面油污or油气泄漏or水面油污or海面浮油）] OR

[TA:(围油栏 or 防污屏 or 围油系统 or 拖油网 or 消油剂 or 吸油索)AND DESC:(溢油 or 水面浮油 or 海面油污 or 油气泄漏 or 水面油污 or 海面浮油)] OR [TA:(溢油 or 浮油 or 油气泄漏) AND DESC:(海上 or 海洋)]。

(4)国际溢油处理技术检索式

主题(oil spill* or oil slick* or floating oil or oil pollution or oil leakage or petroleum discharge* or petroleum leakage or petroleum spill*)AND 主题:(fence or boom or containment or collector* or recovery device* or recovery vessel*or recovery ship* or skimmer* or recycling device* or recycling vessel*or recycling ship* or absorption or absorbing or dispers* or floccula* or solidific* or microorganism* or microbi* or microbe*)NOT 主题:(engine or motor or sensor or sensing or detection or imag* or lubricating oil or machine or automobile or ink or cosmetic)NOT IPC 代码:(H04N* or F01D* or H01M* or C25D* or G03G* or G01M* or H01B* or F16H* or E02D* or F04C* or F16J*)NOT 专利号:(CN*)。共检出国际专利 1649 项。备注:按主题:(oil absorption or absorbing oil)NOT 专利号:(CN*)搜索,共检出吸油材料方向国际专利 5726 项,但大部分专利用于汽车、日用品、油墨等领域,另外一部分专利未明确指出用于溢油处理,因此均不在本项目领域检索范围内。

附录二 天科院专利技术领域按年份申请分布表

主分类号	2010	2011	2012	2013	2014	2015	2016	2017	2018
A01B77/00								1	
A01G31/02								1	
A42B1/24								2	
A62B35/00								1	
B01D29/33								1	
B01D36/04								1	
B01L3/02								1	

续表

主分类号	2010	2011	2012	2013	2014	2015	2016	2017	2018
B05B9/01		1							
B09C1/02								1	
B63B21/00							2		
B63B22/00								1	
B63B22/02								1	
B63B35/00					2	1			
B63B35/44						1		1	
B63B39/12				2		1			
B63B43/18								1	
B63B49/00					1				
B63B9/00							1		
B65F1/12								1	
B65F1/14								1	
B65G67/60								1	
B65H61/00				1					
B66C19/00						1			
B67D7/04						1			
C02F1/30		2							
C02F1/40					1		2		
C02F1/48								1	
C02F1/52					1				
C02F11/02						1		1	
C02F11/14					1				
C02F3/28			1						
C02F3/32								1	
C02F3/34								1	
C02F9/02								1	
C02F9/04								2	
C02F9/08								1	

续表

主分类号	2010	2011	2012	2013	2014	2015	2016	2017	2018
C02F9/14								2	
C12M1/38							1		
E01B23/00								2	
E01C23/00								1	
E01D19/00								2	
E01D19/10								1	
E01F7/02				1					
E02B1/00								1	
E02B1/02					2	2	1	5	
E02B15/08							1		
E02B15/10								3	
E02B17/00					1				
E02B3/00					1		2		
E02B3/02							4	4	
E02B3/06	1			2		15	5	9	1
E02B3/08						3			
E02B3/10								4	
E02B3/12				1		2	5	30	
E02B3/14				1		9		7	
E02B3/26					1				
E02B7/20						1			
E02B8/06							1	1	1
E02B8/08							2	1	
E02B9/04								1	
E02C1/00						2	1		
E02C1/08						2			
E02D1/00			3		3	2		2	
E02D1/02			1		1				
E02D1/04				4					

续表

主分类号	2010	2011	2012	2013	2014	2015	2016	2017	2018
E02D15/08						1			
E02D17/20								1	
E02D19/04								1	
E02D19/10								2	
E02D27/52								2	
E02D29/02							2		
E02D3/02							1		
E02D3/08		1							
E02D3/10			2	1	1			2	
E02D3/12			2					3	
E02D31/08					1				
E02D33/00					4	2			
E02D5/72								1	
E02F3/88								2	
E02F5/28								1	
E03F1/00				1	1			1	
E03F3/02							1		
E03F3/04			1	2			1		
E04G23/04				1					
E04H17/14				1					
E06B5/10								1	
E06B9/00							1		
E21B49/02									1
F16K31/53			1						
F16M11/12				1					
F17D1/08							2		
F17D3/01								2	
F17D5/02						1			
F21S8/00									1

续表

主分类号	2010	2011	2012	2013	2014	2015	2016	2017	2018
G01B11/08						1			
G01B11/24									1
G01B21/00				1					
G01B21/02				1					
G01B5/12						1			
G01B5/30					1				
G01B7/02				1				4	
G01B7/30				1					
G01C13/00			1		1			2	1
G01C21/00								1	
G01C5/00								1	1
G01C5/04							1		
G01C7/04						1			
G01D11/00						1			
G01D21/02					1	2	1	4	
G01F23/00								2	
G01F23/04			1						
G01F23/14					1				
G01F23/18								1	
G01F23/24				1					
G01F23/26								2	
G01F23/292				1			1		
G01F23/40						1			
G01F25/00					1				
G01K13/02								1	
G01L1/00						2		1	
G01L15/00				1				1	
G01L27/00				1					
G01L5/00				2					

续表

主分类号	2010	2011	2012	2013	2014	2015	2016	2017	2018
G01M10/00			1			6	9	16	1
G01M99/00								1	
G01N1/10		1							
G01N1/28						1			
G01N11/00					1		1		
G01N15/06							2	1	
G01N19/04							2		
G01N21/64							2	1	
G01N21/84								1	
G01N29/04						1			
G01N29/30									1
G01N33/00						1	3	2	
G01N33/18								1	1
G01N33/24				2	1			1	
G01N5/02							2		
G01P1/00									1
G01P3/00					1				
G01P5/00			1						
G01S15/74						1			
G01S17/08								1	
G01S19/42		2							
G01S19/48					1				
G01S7/52			1				2		
G01S7/521					1				
G05B13/04		1							
G05B19/04						1			
G05B19/042					1				
G05B19/048						1			
G05B19/05									1

续表

主分类号	2010	2011	2012	2013	2014	2015	2016	2017	2018
G05B19/418					1				
G05D1/02								1	
G05D7/06				2					
G05D9/12								1	
G06F17/50				6				4	3
G06K9/46				1					
G06Q10/04								2	
G06Q10/06					2			1	
G06Q50/26									1
G06T17/00							1		
G06T17/05								1	
G06T7/136								1	
G08C17/02				3					
G08G3/00						3			
G08G3/02					2				
H01B7/18					1				
H02J7/00									1
H04B1/40					1				
H04B13/02								2	
H04L29/06							1		
H04N7/18					1			1	
H04W4/10		2							
H04W4/90								1	

参考文献

[1] Samson. Strengthening the Intensive Construction of the Brand of Blue Sky with Taking Professional Ability Education as the Core [J]. Journal of Jiangxi Blue Sky University，2005.

[2] 龚志军，杨峥嵘. 知识产权保护中的企业主体作用[J]. 商业研究，2009（12）：62-65.

[3] Mehta N，Hall D，Byrd T. Information technology and knowledge in software development teams：The role of project uncertainty [J]. Information Management，2014，51（4）：417-429.

[4] Ricardo Correia. Patent now or later. Corporate financing decisions，agency costs and social benefits [J]. The European Journal of Finance，2014，5：19-21.

[5] 陈美章. 对我国知识产权战略的思考[J]. 科技与经济，2004，17（1）：9-14.

[6] Belay Seyoum. Trade liberalization and patterns of strategic adjustment in the US textiles and clothing industry[J]. International Business Review，2006，16（1）.

[7] 范再峰. 试论我国证券交易所的法律地位[J]. 科技信息，2011，（36）：97-98.

[8] Zaied A N H，Hussein G S，Hassan M M. The Role of Knowledge Management in Enhancing Organizational Performance[J]. International Journal of Information Engineering & Electronic Business，2012，4（5）.

[9] 尤捷. 创新驱动发展背景下的企业知识产权管理[J]. 企业改革与管理，2017（02）：35.

[10] Porter M E. Clusters and New Economics of Competition [J]. 1998，76（6）：77-90.

[11] 曹新明. 知识产权制度伦理性初探[J]. 江西社会科学，2005（07）：39-45.

[12] 方琳瑜，宋伟，姚远. 我国中小企业自主知识产权的成长机制研究 [J]. 科学研究，2009，27（08）：1169-1176.

[13] 刘雪凤. 知识产权治理中的利益平衡机制研究——基于参与主体多元化的视角[J]. 科技进步与对策，2010，27（21）：36-41.

[14] Holger Kollmer，Michael Dowling. Licensing as a commercialisation strategy for new technology based firms[J]. Research Policy，2014，33（8）.

[15] 史浩辉. 军工科研院所自主创新中知识产权的作用[J]. 科技和产业，2010，10（07）：83-85，100.

[16] Reitzig. The growing complexity of international policy in intellectual property [J]. Science and Engineering Ethics，2010，11：45-56 .

[17] 陈洁，方立农，孙丽丹，等. 常州市科研院所知识产权战略探析[J]. 产业与科技论坛，2012，11（19）：38-39.

[18] 田延彬. 如何加强企业、高校、科研院所的产学研合作的情况分析[J]. 科技视界，2012（29）：463，441.

[19] 董琦昕. 科研院所知识产权现状及对策[J]. 机电产品开发与创新，2017，30（05）：17-18，23.

[20] 郭晋佩. 科研院所知识产权管理现状及发展对策研究[J]. 科技创新导报，2017，14（30）：169-170.

[21] Somaya D. Patent Strategy Vewed through the Lens of Patent Litigation[D]. Berkeley：Dissertation of the University of California，2002.

[22] Lichententhaler U. Gorporate Technology Out licensing ：Motives and Scope[J]. World Patent Information，2007，29（2）：117-121.

[23] 袁晓东，陈静. 专利信息分析在技术创新合作伙伴选择中的应用[J]. 情报杂志，2011，30（08）：22-27.

[24] 陶玉娟. 浅谈专利战略的层级与种类[J]. 江苏科技信息，2012，（6）：12-13.

[25] Reitzig M，Henkel J，Schneider F. Collateral Damage for R&D Manufacturers：How Patent Sharks Operate in Markets for Technology[J]. Industrial and Corporate Change，2014，（3）：947-967.

[26] 简南红. 全球十大航空企业在华专利战略的特点及对策[J]. 中国科技论坛，2016，（3）：93-99.

[27] Holger Ernst. Patent information for strategic technology management[J]. World Patent Information，2003，25（3）：233-242.

[28] Bob Stembridge，Breda Corish. Patent data mining and effective portfolio management[J]. Intellect Asset Manage，2008：30-35.

[29] 陈响坤. 高校专利信息咨询服务的创新管理[J]. 图书馆界，2010（05）：41-43.

[30] 冯琳. 专利查新与高校专利管理探讨[J]. 高校图书馆工作，2011（04）：65-67.

[31] Julie Stackhouse，Rachel Day. Global and regional practices in university research management：emerging trends[J]. International Journal of Technology Management & Sustainable Development，2005，4（3）：189-205.

[32] 饶异苹，周健. 竞争情报与科研突破[J]. 高科技与产业化，2016（10）：94-96.

[33] 郑艳梅，于冰. 高校专利管理工作存在的问题与对策[J]. 科技管理研究，2010，30（09）：90-91.

[34] 张丹. 高校专利保护和管理存在的问题及对策[J]. 农业科技管理，2010（01）：26-28.

[35] 李永明，杨翊，张颖珍，佘义. 科研院所专利管理模式的现状、存在问题及对策[J]. 中国医药科学，2012，2（17）：142-143，172.

[36] Martin G Moehrle，Lothar Walter，Michael Wustmans. Designing the 7D patent management maturity model-A capability based approach[J]. World Patent Information，2017，50.